从太空到地球，宇宙的奥秘是无穷的，人类的探索是无限的。我们只有不断拓展更加广阔的生存空间，破解更多的奥秘谜团，看清茫茫宇宙，才能使之造福于我们人类，促进现代文明。

为了激励广大读者认识和探索整个宇宙的科学奥秘，普及科学知识，我们根据中外最新研究成果，特别编辑了本书，主要包括宇宙、太空、星球、飞碟、外星人、地球、地理、海洋、名胜、史前文明等存在的奥秘现象、未解之谜和科学探索新发现诸多内容，具有很强的系统性、科学性、前沿性和新奇性。

本套系列丛书知识面广、内容精炼、图文并茂，装帧精美，非常适合广大读者阅读和收藏。广大读者在兴味盎然地领略宇宙奥秘现象的同时，能够加深思考，启迪智慧，开阔视野，增加知识，能够正确了解和认识宇宙，激发求知欲望和探索精神，激起热爱科学和追求科学的热情，掌握开启宇宙的金钥匙，使我们真正成为宇宙的主人，不断推进人类向前发展。

目录
Contents

暴虐的性格

难解的奥秘

神秘的大海

  大海是一个美丽的地方，海洋环境是人类赖以生存和发展的自然环境的重要组成部分，但是在这个蔚蓝的世界里，还隐藏着我们至今都不能解开的许多谜底，这使大海显得既神秘又神奇。

海洋是如何形成的

地球形成假说

有的专家认为，地球是从它的母亲太阳的怀抱里脱胎而出的。当地球刚从炽热的太阳中分离出来，开始独立生活的时候，还是一团熔融状态的岩浆火球，它一边不停地自转，一边又绕着太阳公转。

后来，由于热量的散失，它逐渐冷却下来。它的表面冷却得快，首先形成一层硬壳。它的内部也要冷却和收缩，结果，在地壳的下面便出现空隙。这种状态当然不能长久，在重力作用下，地壳便大规模下陷。它们相互挤压，形成褶皱，出现许多裂缝。岩浆从裂缝中涌出，引起火山爆发和地震。从地球深处迸发出的熔岩，在地壳上缓缓流动，铺满了地壳，也把地壳上原有的许多裂缝填满。渐渐地，这层迸出的熔岩也冷却了，地壳也因此变厚起来。那些高耸的部分就成为陆地，那些低陷的部分就成为海洋。

月亮形成假说

由于太阳的引力作用和地球的高速自转，使部分地块分出了地球，被甩出的地块在地球引力的作用下，绕着地球不停地旋转，后来便成为我们夜晚常能看到的月亮。

月球被甩出后，在地球上留下了一个大窟窿，逐渐演变成今天的海洋。这种假说遭到了许多科学家的反对。有人曾计算过，要使地球上的物体飞离，其自转速度应是目前地球自转速度的17倍，也就是说一昼夜不得长于1小时25分，这显然是令人难以置信的。还有的人认为，若月球从地球上飞出，则月球的运行轨道应在地球赤道的上空，而事实上却不是这样。

陨星说

太平洋是由另一颗地球的星球坠落地面造成的。这颗星球冲开了大陆的硅铝层外壳，而形成巨大的陨石谷，它还可能深入地球内核，引发地球的强烈膨胀与收缩，其结果不仅形成了太平洋，而且又使其他陆壳也破裂张开，形成了大西洋等大洋。随着宇航科学的发展，这个学说的研究又重新兴盛起来了。然而，人们还是特别怀疑偶然的碰撞是否能形成占地球表面积1／3的

巨大太平洋盆地。因为，无论是地球上还是月球上的陨石坑，其规模都是很小的。

大陆漂移学说

地球上原先有一块庞大的原始陆地，被广袤的海洋所围绕。后来，这块大陆分裂开，像浮在水上的冰块，不断漂移，越漂越远。终于，美洲脱离了非洲和欧洲，中间留下的空隙就变成大西洋。非洲有一半脱离了亚洲。在漂移过程中，它的南端略有移动，渐渐与印巴次大陆分开，印度洋诞生了。还有两块比较小的陆地离开了亚洲和非洲，向南漂去，这就是澳大利亚和南极洲。随着大西洋和印度洋的诞生，原来的海洋缩小了，变成了今天的太平洋。

海底扩张说

洋底地壳有一个不断形成的过程，地幔里的物质不断从大洋

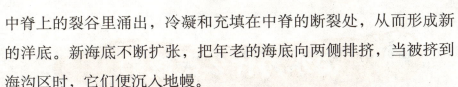

中脊上的裂谷里涌出，冷凝和充填在中脊的断裂处，从而形成新的洋底。新海底不断扩张，把年老的海底向两侧排挤，当被挤到海沟区时，它们便沉入地幔。

据计算，海底扩张速度每年有几厘米，最快每年可达0.16米。这就使得海底每隔3亿年至4亿年便更新一次。这些被深海钻探资料所证实，也可从洋脊两侧岩石的磁性上得到证明。

板块构造说

全球岩石圈不是整体一块，而是由亚欧板块、美洲板块、非洲板块、太平洋板块、澳洲板块和南极洲板块六大板块组成。这些板块很像漂浮在地幔上的木筏，这些板块在不断地进行相对的水平运动，当大洋板块向大陆板块运动时，板块的边沿便向下俯冲进入地幔；地幔把俯冲进来的地壳加温、加压和熔化，再运向大洋海岭的底部，然后再上升出来。

这恰恰与"海底扩张说"相吻合，在地幔的相对运动中大陆确实被漂移了，经过很长的一段时间，形成了今天地球上海陆分布的面貌。海洋是如何形成的？或者说地球上的水究竟来自何方？只有当太阳系起源问题得到解决了，地球起源问题、地球上的海洋起源问题才能得到真正解决。

我还想知道

大陆漂移、海底扩张和板块构造三种理论结合起来，构成新的地球构造学说。海洋起源问题，也就有了一个比较清晰的眉目，然而，人类历史与地球相比，这段历史显然只是一段极短暂的时光。

海水为什么是咸的

海水的含盐量

大家都知道海水是咸的。其原因是海水中含有各种盐分。根据科学测定，平均每1000克海水中含35克盐。地球上海洋中蕴含大量的盐类物质。有人估计，如果把海水中所有的盐分都提取出来，铺在陆地上，可得到厚153米的盐层；如果铺在我国的国土上，可使我国平均高出海面2400米左右。

海水是如何变咸的

海洋刚形成时，海水和江河湖水一样是淡的。后来，雨水不断地冲刷岩石和土壤，并把岩石和土壤中的盐类物质冲入江河，而江河的水流到大海，使海洋中的盐分不断增加。

与此同时，海中水分不断蒸发，这使盐的浓度越来越大。当然，这个过程是很漫长的。

海洋会不会越变越咸

其实不然，因为海洋也有释放盐分和把盐分归还陆地的绝招。当海洋中的可溶性物质浓度达到一定程度时，可溶性物质会互相结合成不溶性化合物沉入海洋的底部。海洋中的生物体内吸收了一定的盐类物质，当海洋生物死去后，它的尸体沉到海底。

台风暴发时，狂风巨浪，海水被卷到陆地上，海水中的盐类物质也被带到陆地。此外，从漫长的陆地变迁历史看，有些海洋的海湾地带，由于地壳的升高与海洋隔断，这些地带就像与大海母亲失散的"游子"，而在太阳光的"肆虐"下，变成陆地，留下大量盐分。

美丽的传说

从前有一个爱海的人，每天跑到海边去看海，可是海对他还是很冷淡。这个人就对海说，我这样对你，每天来看你，可是你对我总是平平淡淡，难道你不能把你的激情展现给我吗？让你的爱来得更猛烈一些。海听了他的话就问他，你能接受我翻江倒海的爱吗？他回答说：可以！

海被他的话语而感动。顷刻间巨浪翻滚，狂风大作，巨浪一波接一波向岸边而来。他从没有见过海这样，当海浪快到他的身旁的时候，他转身就跑。这时的海很伤心。

经过这次以后，海不敢轻易地把爱给予别人。过了很长一段时间，又有一个爱海的人，他不但每天来看海，还把自己的家搬

到海边，要以海为伴，终生守护在海的身边。海终于被他的举动感化，并把温馨的爱和猛烈的爱都给了他。

他没有跑，就这样他们结合了。可是过了很长时间，他就有些厌烦了，总觉得海给予他的不是风平浪静，就是波涛翻滚。觉得海再也不能给予他别的什么爱了，就这样他也悄悄地离开了海。海十分伤心，这些都被蓝天看在眼里。

蓝天对海说：请你不要伤心难过，其实他们都不懂你。他们看到的只是你的表面，其实海底的世界更加丰富多彩，那里有五色的鱼儿，丰富的矿藏，美丽的珊瑚。这些才是你为他们准备的，可惜他们不懂，只有我知道这些。后来蓝天就和大海相爱了。可是因为他们相距遥远，加上世俗偏见，他们始终不能牵手，天海一方，彼此思念。

随着时间的推移，思念更加的强烈。就这样日复一日，年复一年，当思念难以忍受的时候，蓝天就以泪洗面。蓝天的泪水滴落到了海的心里，不知道流了多少泪水，把整个海水染成了蓝

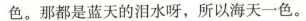

色。那都是蓝天的泪水呀，所以海天一色。

海水是天外来水吗

地球可称为一个水球，在它的表面上，有大约3/4的面积是海洋。除此之外还有其他的水源，但海水是地球水的主体。那么多的海水是从哪里来的呢？起初，人们认为，这些水是地球原本就有的。当地球从原始太阳星云中凝聚出来时，便携带有这部分水。随着地球的不断变化，这些起初以结构水、结晶水等形式贮存于矿物和岩石中的水释放出来，成为海水的来源。譬如，在火山活动中，总有大量的水蒸气伴随岩浆喷溢出来。据此，一些人认为，这些水气便是从地球深部释放出来的"初生水"。

一些人认为，地球上的水不是地球所固有的，而是由撞入地球的彗星带来的。一些由冰块组成的小彗星冲入地球大气层，陨冰因摩擦生热转化成彗星水。我国学者提出"大自然存在多四季规律"的假说。

按此假说，自地球形成至今的46亿年间，生物圈曾数次周期性的从地球转移到另一个星球，又周期性的像候鸟回归那样，循环到地球上来。这其中自然也包括海水的数度干涸与高涨。用此假说，正可以解决以往"天外来水"说和"地球固有"说都未能解决的难题。

> 海水中含各种盐类，其中90%是氯化钠，另外还含有氯化镁、硫酸镁、碳酸镁及含钾、碘、钠、溴等各种元素的其他盐类。海水中的这些成分在盐度中的比重并不会因为不同海域而不同。

我还想知道

是什么造就了海岛

什么是海岛

在茫茫的海洋上，碧波里涌出一片片陆地，人们称之为海岛。是什么力量造就了这些岛屿？尽管海岛面貌千姿百态，人们仍然能够找到其中的规律性。

它们万变不离其宗，或是从大陆分离出来，或是由海底火山爆发和珊瑚虫构造而成。前者姓陆，地质构造与附近大陆相似；后者姓海，地质构造与大陆没有直接联系。据此，海岛分成大陆岛、火山岛、珊瑚岛、冲积岛四大类型。

大陆岛

它是大陆向海洋延伸露出水面的岛屿。世界上比较大的岛基本上都是大陆岛。它的形成有以下原因：

地壳运动，中间接合部陷落为海峡，原与大陆相连的陆地被海水隔开，成了岛屿。世界上最大的格陵兰以及伊里安、加里曼丹、马达加斯加等岛，都是这样形成的。

冰碛物形成的小岛。远古冰川活动时期，冰川夹带大量碎屑在下游堆积下来，后来气候回暖，冰川消融，海面上升，冰碛堆未被淹没，成了岛屿。挪威沿岸、波罗的海沿岸、美国和加拿大东部交界处沿岸的小岛，就是这样形成的。

海蚀岛。它非常靠近大陆，两者高度一致，仅仅中间隔着一道狭窄的海峡；海峡是海浪经年累月冲蚀的结果。这类岛屿为数不多，面积也很小。

火山岛

它是海底火山露出水面的部分。岛貌峻拔，与大陆岛、珊瑚岛有明显的不同。当初，火山隐没水下，经过不断喷发，岩浆逐渐堆积，终于高出水面。

世界海底山脉最高峰的冒纳开亚火山，就是火山岛夏威夷岛的主峰，其海拔高度4205米，水下部分还有5998米，总高10203米，比珠穆朗玛峰还高1359米！

世界第十八大岛、面积为10.3万平方千米的冰岛，是上千个海底火山喷发形成的。

夏威夷群岛成直线排列，是一列海底火山喷发形成的。阿留

申群岛成弧形排列，是成列环状海底火山喷发而成的。

珊瑚岛

它只存在于热带、亚热带海域。在海底丘地或海底山脉山脊上，有大量珊瑚虫营巢生活，同其他壳体动物构成庞大的石灰质巢体。旧的死亡，新的又在残骸上继续生长，不断向海面推进。

在最适宜的条件下，1000年才能长高36米，长到海水高潮线就停止生长。大海几经沧桑，或地壳上升，或海水下降，珊瑚礁露出水面成了岛屿。

全球珊瑚礁的面积达2700万平方千米，相当于欧洲、南美洲面积的总和，但其绝大部分淹没于水下，出露为岛的面积并不多。太平洋的加罗林群岛、马绍尔群岛，印度洋的马尔代夫，我国的南海诸岛，都是典型的珊瑚岛。

冲积岛

它位于大河的出口处或平原海岸的外侧，是河流泥沙或海流作用堆积而成的新陆地。

世界最大的冲积岛马拉若岛，是世界第一大河亚马孙河的河口岛，面积40万平方千米，列为世界第三十大岛。我国长江口的崇明岛、长兴岛，黄河口的孤岛，都是冲积岛。加拿大东岸的

塞布尔岛，美国东海岸的特拉斯角，我国的苏北沙洲，都是海流加上风力堆积而成的沙滩，其位置不固定，成为航行的危险区。

神秘莫测的螃蟹岛

螃蟹岛有许多奇闻，在人们中间长期地流传着，使人们感到这个小岛神秘莫测，充满了疑惑。

据说，在螃蟹岛的中心地带，有许多淡水湖泊，那儿有不少巨蟒、豹子、鳄鱼及奇形怪状的猴子，是一个野生动物啸聚的处所。这些动物是怎么来到这个大西洋上的孤岛上的？人们无法解开这个谜。

人们传说在岛上发现过野人。有一次，3个渔民乘船去岛上捉螃蟹，在船上看守的那位渔民，突然发现一个全身长满毛发的野人，向船上扔树枝、树叶。他惊恐万状，大声呼喊自己的同伴，可是转眼间野人已不知去向。

还有人说，这里出现过飞碟袭击人的事。

1976年，有4个渔民来岛上捉螃蟹，正当他们在船上睡觉时，突然遭到一股奇怪大火的袭击。他们急忙把船开到附近的港口，可是两个渔民被烧死，另一个也被烧伤。这场火灾是怎样烧起来的呢？

不可能是闪电引

13

起的，因为船只完好无损，经过一番调查，未能得到确切的结论。但许多人都认为，肇事者很可能是飞碟。

奇怪现象之谜

螃蟹岛还有一个奇怪的现象，每当夜晚来临，岛上经常出现一些奇特的强光，光芒闪烁，景况动人。但这些光是从哪里来的呢？人们至今也未解开这个谜。

在这个孤零零的海岛上，滋生着各种各样的蚊子。令人不解的是，它们在白天也很活跃，成群结队地袭击动物和人。来这儿捉螃蟹的渔民，必须带着用纸卷成的蚊香，点燃后驱散这些可怕的蚊子。

在这个海岛上，最动人的场面是螃蟹的"恋爱舞会"。这在世界上也是极为罕见的奇观。螃蟹交尾有固定的时日，它们总是选在满月时。交尾仪式一开始，雌雄双方先是翩翩起舞，数不清的螃蟹在月光下一起踏着整齐的步伐，气氛十分热烈。众螃蟹交尾后，便纷纷钻进洞内，消失在富含碘的胶泥中。

地质构成之谜

螃蟹岛的地质构成也非常奇特，岛的四周全是密实的胶泥，气味恶臭。这种恶臭的胶泥是怎样形

成的？为什么在这种胶泥上会繁殖如此众多的螃蟹？这又是一个谜。

由于胶泥深厚、柔软，上岛来的捕蟹者必须先脱掉衣服，迅速地匍匐前进，绝不能停留在一个地方，否则会深陷泥潭，不能自拔。为了安全，他们往往每6人至8人一组集体行动。

捕蟹者都要有一种特殊的本领，他们把手伸进蟹洞抓出螃蟹，举到眼前，认出雌雄，这一套动作几乎不超过一秒钟就能够完成。

为了使生态不受影响，他们总是把雌蟹留下，只把雄蟹带走。上岛捕蟹是很辛苦的，但却收获颇丰，每艘船来岛一次可捉到1500只至2000只大螃蟹。

神秘的螃蟹岛的许多疑谜，仍在等待着人们去揭示。

海峡通常位于两个大陆或大陆与邻近的沿岸岛屿以及岛屿与岛屿之间。它一般深度较大。海峡有的沟通两海，有的沟通两洋，有的沟通海和洋。全世界共有上千个海峡，其中著名的约有50个。

我还想知道

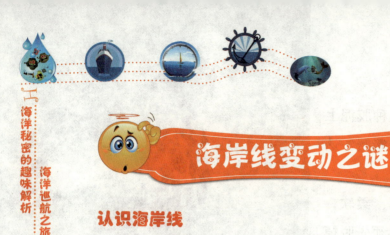

海岸线变动之谜

认识海岸线

海岸线是指海面与陆地接触的分界线。世界海洋面积巨大，海岸曲折复杂，岛屿星罗棋布，海岸线的精确计算是不可能的。

海岸线从形态上看，有的弯弯曲曲，有的却像条直线。而且，这些海岸线还在不断地发生着变化。

如我国的天津市，在公元前还是一片大海，那时海岸线在河北省的沧县和天津西侧一带的连线上，经过2000多年的演化，海岸线向海洋推进了几十千米。

有时海岸线也会向陆地推进。仍以天津为例，在地质年代第四纪中距今100万年左右，这里曾发生过两次海水入侵，当两次

16

海水退出时，最远的海岸线曾到达渤海湾中的庙岛群岛。但经过100万年的演化，现在的海岸线向陆地推进了数百千米。

变动的幅度

距我们最近一次的大海退，海水在距今大约7万年前开始下落，直至离现在两三万年前，海面才退到最低点，持续时间达四五万年之久。当时的海平面要比现在海平面低100多米，那时地球表面的海陆分布是个什么局面呢？

就拿我国沿海地区来说，现在渤海平均水深只有21米；福建和台湾之间的台湾海峡、广东雷州半岛与海南岛之间的琼州海峡，水深都不足100米。因此，当海平面下降100多米的时候，渤海消失了，台湾和海南岛与我国大陆连成为一块完整的大陆。

同样，由于我国东部的黄海海底大部分露出水面，朝鲜、日本和我国大陆之间没有了海水阻隔也连接起来。世界海陆分布形势，当然也会发生惊人变化：白令海峡的消失，导致亚洲和北美洲相连；马六甲海峡和其他海峡的消失，使现在散布在海洋中的其他群岛连成一片陆地，从而使亚洲和澳大利亚大陆也连接了起来。世界其他地方，凡是海水水深小于100多米的海区都变成了陆地。

科学根据

几年以前，我国一艘轮船在离渤海海岸200多千米处作业，在那里的海底打捞起一块没有被水冲刷过的披毛犀化石。披毛犀是一种早已灭绝了的动物，满身披挂着棕褐色的粗毛，生活在寒冷的草原上。披毛犀的存在，说明在地质历史时期

里，渤海确实曾经是陆地。

　　20年前，一艘日本渔船在日本和朝鲜半岛间的对马海峡打鱼。当拖网从海中拖上渔轮之后，人们发现，在一群活蹦乱跳的海鱼中间，有一段长约一米的象牙，称一称足有18千克。

　　渔民们把这段象牙送给科学家。科学家经过鉴定，认为这是大约生活在1.6万年至3.3万年前的一种古象牙齿。

　　那时，现在黄海所在的地区，也是一片辽阔的草原，长相稀奇古怪的古犀和古象就是这片草原的主人。

　　比如，一些现在被海水隔开，远离大陆的岛屿，岛上的野生动物与大陆上的十分相似。据科学家们调查，我国海南岛的22种野生哺乳动物中，有16种和大陆上的完全相同。另外6种在大陆上也能找到相近的种类。

　　要知道，那些只能生活在淡水中的鱼类，是绝没有办法越过宽阔的咸水的海洋游到另一个岛上的。所有这类事实都证明，在不太远的过去，这些现在被海水隔开的海岛曾经是彼此相连的。

海面大幅度升降的原因

海岸线发生如此巨大变化的主要原因是地壳的运动。由于受地壳下降活动的影响，引起海水的侵入或海水的后退现象，造成了海岸线的巨大变化。

这种变化直至今天也没有停止。有人测算过，比较稳定的山东海岸，纯粹由于地壳运动造成的垂直上升，每年约1.8毫米，如果再过1万年，海岸地壳就可上升18米。到那时，海岸线又会发生很大的变化。

其次，海岸线的变化受冰川影响较大。在地球北极和南极地区覆盖着数量巨大的冰川，如果气温上升，这些冰川融化，冰水流入大海，那么海平面就会升高，海岸线就会大大地向陆地推进；相反，如果气温相对下降，冰川扩展加厚，海平面就会渐趋降低，海岸线就会向海洋推进。

再次，河流的泥沙淤积。在一些大河入海口，常常因为河流带来大量泥沙，淤积成宽阔的三角洲。

海面升降是海面因受气候、引潮力、海底火山喷发和构造运动等因素影响，而引起的水位上升下降。其中最主要的是海水本身容量增多和减少与海洋底部地壳上升下降所引起的海平面变化。

我还想知道

海底真面目能否揭开

海底地形

海底地形指海水覆盖之下的固体地球表面形态。海底地形是复杂多样的，其复杂程度丝毫不亚于陆地。

海洋底部有高耸的海山、起伏的海丘、绵长的海岭、深邃的海沟，也有坦荡辽阔的深海平原。世界大洋的大体结构，通常分为大陆边缘、大洋盆地和大洋中脊三大基本单位。

大洋盆地

大洋盆地是在世界大洋中面积最大的地貌单元，其深度大致介于4000米至6000米之间，占海洋总面积45%左右。由于海岭、海隆及群岛的分隔，大洋盆地被分成近百个独立的洋盆。

总体看来，大洋盆地就是大盆套小盆。最深的一个盆底深度11034米，这就是位于太平洋的马里亚纳海沟。这一深度远远超过了陆地上的最高峰珠穆朗玛峰的海拔高度。

大洋中脊

大洋中脊又称中央海岭，是世界大洋最宏伟壮观的地貌单元。它纵贯于大洋中部，绵

延8万千米，宽数百乃至数千千米，总面积堪与全球陆地相比，其长度和广度为陆地上任何山系所不及。

边缘火山

沿大洋边缘的板块俯冲边界，展布着弧状的火山链。这些火山便是边缘火山，又称为岛弧火山链。其中有些是水下活火山，具有一定的危险性。

水下活火山主要喷发火山岩类物质，由于这类熔浆黏性大，含水量高，巨大的蒸气压力一旦突然释放，便形成喷发式火山，易酿成巨大灾难。

洋脊火山

大洋中脊是玄武岩质新洋壳生长的地方。海底火山和火山岛便顺着中脊的走向成串地出现。这些沿着大洋中脊存在的火山，便是洋脊火山。

据估计，全球约80%的火山岩产自大洋中脊，在海水中迅速冷凝而成的枕状熔岩。这些枕状熔岩证实洋脊火山的历史和现实存在。

海洋秘密的趣味解析 海洋巡航之旅

洋盆火山

散布于深洋底的各种海山，包括平顶海山和孤立的大洋岛等，是属于大洋板块内部的火山。洋盆火山起初只是沿洋底裂隙溢出的熔岩流，以后逐渐上长加高。大部分海底火山在到达海面之前便不再活动，停止生长。少数火山可从深水中升至海面，这时波浪等剥蚀作用，会不断抵消它的生长。

洋盆火山的活动，一般不超过几百万年。露出海面的火山停止活动，将被剥蚀作用削为平顶。洋盆各海山或大洋岛屿的火山岩，以碱性玄武岩较常见，极少数岛屿有硅质更高的熔岩。碱性玄武岩组成的洋盆火山，可能与热点或地幔柱的活动有关。

姆大陆沉没之谜

姆文明诞生于常年夏天绿意盎然的大地，并且创建了地球上第一个大帝国，名为"姆帝国"。

姆帝国的国王称"拉姆"，拉表示太阳，姆表示母亲，因此

姆帝国又被称为"太阳之母的帝国"。姆国宗教崇拜宇宙的创造神，即七尾蛇"娜拉亚娜"。

那么，这个"姆大陆"后来怎么就不见了呢？

有人设想，姆大陆沉没的原因是：大陆下面有好些充满一氧化碳的洞穴，这些一氧化碳通过火山活动，形成的地下裂缝溢出地面，大陆下层就成了蚁穴般的空洞。一旦发生大地震，就会造成整个大陆的下沉。

姆大陆沉入海底的事是可能的。因为地壳是在不停的运动。在这种运动中，有时高山沉入海底，海底上升，继而变为陆地。20世纪80年代，日本探险队在南美的平均海拔3700米的安第斯山上发现了数万年前的海贝化石。这说明姆大陆可能曾是露出海面的一片辽阔国土，而安第斯山脉则是海底火山。

果真如此，那么，1万年以前的太平洋，就不是今天这个面貌了。姆大陆沉没原因也是争论的焦点之一。火山？地震？还是与冰河期的末期一同沉没？

看来姆大陆的争论，也如亚特兰提斯大陆、雷姆力亚大陆的争论一样，还将长期持续下去，不经过几代人甚至几十代人的发掘，没有大量的确证，怕是很难画出一个圆满的休止符。

姆大陆土地辽阔，东起夏威夷群岛，西至马里亚纳群岛，南边是斐济、大溪地群岛和复活节岛，全大陆东西长8000千米，南北宽5000千米，总面积约为3500万平方千米，是一块美丽富饶的地方。

狂风可以掀起涌浪吗

什么是涌浪

"无风三尺浪"，是人们对海洋的描绘。这不是同"无风不起浪"有矛盾了吗？不，在广阔的海洋上，即使在无风的日子里，大海也还在那里波动着。

这是什么道理呢？原来，风虽然停了，大海的波浪还不会马上消失。何况，别处海域的风浪也会传播开来，波及无风的海面。"风停浪不停，无风浪也行。"这种波浪叫涌浪，又叫长浪。比起风浪来，涌浪一起一落的时间长，波峰间的距离大，波形又圆又长，较有规则，波速很大，能日行千里，远渡重洋。西印度群岛小安得列斯群岛的居民，常常会发现高达6米多的激浪拍打岸边，时间长达连续两天或更长的时间。

奇怪的是这时加勒比海并没有什么风暴，这真是个无法解开的谜。后来，科学家经过长期观察和研究，发现这是来自大西洋中纬地区传来的风暴涌浪。

飓风和台风会掀起涌浪

狂风会造成海水涌积，同时风暴的低气压区海域海面受了压力影响，海水也会暂时上升。当台风风速同潮水波浪的推进速度接近时，会产生共振作用，推波助澜，把涌浪越堆越高。

当大涌浪传到近海岸时，由于岸边水浅，波浪底部受海底摩擦，波峰比波谷传播得快，波峰向前弯曲、倒卷，水位猛烈

上升，甚至冲上海岸，席卷岸边的建筑物和船只，造成灾难。

海上风暴引起的涌浪

海上风暴引起的涌浪，传到风力平静或风向多变的海域时，因受空气的阻力影响，波高减低，波长变长，这种波浪的传播速度，比风暴中心的移动速度快得多。如果说风浪可以追赶军舰的话，那么，涌浪就可以同快艇赛跑了。

因此，涌浪总是跑在风暴的前头。人们看到了涌浪，就知道风暴快要来临了。

"无风来长浪，不久狂风降。""静海浪头起，渔船速回避。"这是我国沿海渔民的谚语，也是观天测海经验的概括。

海底火山爆发和地震引起的涌浪

1960年5月23日，日本群岛东岸一片平静安谧的景象，当时已得到智利地震的有关资料，不少人淡然置之。谁知20小时后，排山倒海般的涌浪，远涉重洋到达夏威夷群岛、菲律宾群岛和新西兰。

日本群岛海岸在涌浪袭击下，有1000多户房屋被卷走，两亿公顷土地被淹没，甚至渔船被掀到岸上。远离智利1.6万千米的堪察加半岛以东海面，也掀起了汹涌的浪涛。原来，这是智利地震引起的海啸涌浪。它以时速800千米横渡太平洋，来到这些地方。1960年5月至6月间，智利沿海海底，发生了200多次大大小小的地震。

海面上升引起的奇异水柱

1960年12月4日，"马尔模号"在地中海海域航行时，船长和船员们看到一个奇异的、好像白色积云的柱状体，从海面垂直升起，但几秒钟后就消失了。

几秒钟后，它又再次出现。于是船员们用望远镜观察，发现它是一个有着很规则的周期间隔的，升入空中的水柱，每次喷射的时间约持续7秒钟左右，然后消失。2分20秒后又重新出现，用六分仪测得水柱高度为150.6米。

水柱是龙卷风引起的吗

这股奇异的水柱是怎样形成的？科学界争论不休。有人认为它是"海龙卷"。威力巨大的龙卷风经过海面上空时，会从海洋中吸起一股水柱，形成所谓的海龙卷。但海龙卷应成漏斗状，这与船员们观察到的情况不同。而且从有关的气象资料来看，当时似乎无形成海龙卷的条件。

于是，有人提出水柱的产生是火山喷气作用的结果。其理由是：地中海是一个有着众多的现代活火山的地区。但在水柱产生的海域，却又没有发现火山活动的记录。

而且"马尔模号"的船员们在看到水柱时，也没听到任何爆炸的声音。如果确是水下火山喷发，周围的海域也不会如此平静。因此，有人推测，这是一次人为的水下爆炸所造成的。但水柱周期性间歇喷发的特征和当时没有爆炸声，也似乎排斥了这种可能。

涌浪与风浪相比，有较规则的外形，排列比较整齐，波峰线较长，波面较平滑，比较接近于正弦波的形状。涌浪可以看作是由许多振幅不等、频率不等、传播方向不同并具有正弦波的分量叠加而成。

我还想知道

海洋漩涡为何反复无常

水量超过250条亚马孙河

在埃德加·爱伦·坡的短篇小说《卷入大漩涡》中，描述了挪威海岸一个悬崖边的强大的漩涡。

漩涡的边缘，是一个巨大的发出微光的飞沫带。但是并没有一个飞沫滑入令人恐怖的巨大漏斗的口中。这个巨大漏斗的内部，在目力所及的范围内，是一个光滑的、闪光的黑玉色水墙。这个巨大的水墙，以大约45度角向地平线倾斜。

它在飞速地旋转，速度快得使人感到目眩，并且不停地摇摆，在空气中发出一种令人惊骇的声响。这种声响一半是尖叫，一半是咆哮。

澳大利亚的海洋学家宣布，他们发现了一个如同爱伦·坡在小说中所描写的那样的一个巨大冷水漩涡，只是没有书中描写的那样陡峭或

移动得那么快。除此之外，几乎没有什么两样。

这个旋风位于距悉尼96千米处，直径长达200千米，深1000米。它正在剧烈旋转，产生的巨大能量，将海平面几乎削低了一米，改变了这个地区主要的洋流结构。它携带的水量，超过了250条世界第一大河亚马孙河的水量。

紊乱现象至今无人能解

暴风不太可能产生这样的影响，但科学家需要迫切地知道，接下来会发生什么。因为在漩涡的背后，是一种海流紊乱现象。这是当代最难以解答的科学难题之一。

在全世界都会看到海洋漩涡的身影，在自然界中它们是一种正常的现象。

当不同的水流相遇时便会产生漩涡，和它们的近亲空气漩涡，以及太阳与风的共同作用，这些海洋漩涡在影响天气的过程中，扮演了异常重要的角色。它们将一个天气系统中的能量，转移到另一个天气系统中。

海洋漩涡主要受海洋的涨潮和退潮控制。此外，它们还遵循一些数学规则，但并非所有的规

29

则。科学家对这些海洋漩涡，只能进行部分预测。它们是剧烈混乱产生的现象，但也展示出具有某种结构、节奏，以及其他与秩序有关的特征。海洋漩涡从不会重复自己，所以对它们的行为进行统计无法完全解决问题。

漩涡现象无处不在

海洋漩涡，虽然不能被形容为自然界中一个反复无常的奇异现象。但像悉尼附近海域这么巨大的海洋漩涡，在不可预见的天气事件中，尤其是在厄尔尼诺反常气候现象中，在秘鲁的大雨到堪萨斯的干旱中，都扮演着非常重要的角色。

海洋漩涡是不同来源的水流交汇导致的，这些水流有各自不同的温度和流速。

当不同的水流撞击在一起时，会产生不可预见的后果。这种不可预知性与二氧化碳和甲烷气体的排放，导致的不稳定性有很大的关系。

这种不稳定性反过来导致了更加无法预测的水流的混合。收集到其中所有的变量，并进行数学计算，令科学家大费脑筋。他们正在努力弄清的一件事情是：如何理解海洋漩涡中，一致和非一致运动之间的关系。这个关系，是如何预测漩涡中

的一个关键性因素。

悉尼海洋大漩涡令人困惑的是它在不断改变。当你从一个视角或在一个特定的时间段观察时，它似乎很平静，但当从另一个地方或其他时间观察时，它又会变得非常狂暴。

如果它在太平洋底活动时，水面看起来似乎很平静，但却会使巨轮发生晃动。悉尼海洋大漩涡可能很快会丧失它的能量，巨大的海洋漩涡，通常会持续大约一周时间，但有一些可能会持续一个月之久。它们不会停息下来，而是通过将小漩涡吸入它们之中，使能量发生转移。

科学家说，能量不断上下发生运动，就好像一个不断旋转的楼梯。水和空气中的漩涡中存在分子的混乱运动，这样的运动一直延伸至大气的边缘，在星际空间的流动中也存在这种神秘的混沌运动。

我还想知道

31

为何海水没有沙滩热

陆地与海水

人们研究过太阳辐射情况，发现到达地球表面的太阳辐射能大部分都被地球吸收，只有一小部分反射回到空中。说来也很有趣，原来海面和陆地比起来，海面就像饿极的孩子，贪婪地吸收太阳送来的热量。

陆地和海面不一样。它的胃口小，不能一下子吸收很多太阳辐射来的能量，剩下的就反射回空中去了。陆地的反射率要比海面的大一倍，可见陆地的吸热能力要比海洋差些。而且，陆地存不住热量，那晒得烫烫的沙滩就是一个例子。

海水把太阳送来的热量贮存起来

科学家经过研究，发现陆地是一种不能很好传热的固体，既不透明又不流动。太阳即使再厉害，也晒不透它。因为大地不能很好地传热，晒了一整天，它所吸收的热量还只是集中在不到0.001米厚的表层内。

海水是半透明的，太阳光可以透射到水下一定的深度，经过长期观测计算，人们发现到达水面的太阳辐射能，大约有60%可以透射到1米的深度，有18%可以达到海面以下10米的深度，人们甚至在海面100米深度的地方，仍然发现有少量的太阳辐射能量。而这些在陆地上是不可能的。

海洋依靠海水的流动来输送热量。比如说，海流就可以把赤道附近的热海水送到两极方向去，而两极方向的冷海水也通过海

流向温暖的地方流动；风浪则可以形成海水温度的上下交换。

当然，除了风浪，海水还有一种对流作用。这种对流作用是由于冷热海水的重量不同而形成的。就像冷空气重热空气轻一样，海水也是冷的重热的轻，于是冷而重的海水就会自动下沉，暖而轻的海水会自动上升。

有了这种对流作用，冬天的大海也不会很冷了，随着表层较冷的海水不断下沉，下层较暖海水会自动升上来补充的。同在一个太阳下，陆地与海洋的物质不同，温度就不同。陆地是表皮烫，海洋则是整个温，海洋把热情大方的太阳送来的热量都贮存下来了，只是体积太大，温度不可能升得太高。所以，海水就没有沙滩热了。

我还想知道

海水温度是反映海水热状况的一个物理量。世界海洋的水温变化一般在零下2度至零上30度之间，其中年平均水温超过20度的区域占整个海洋面积的一半以上。

淡水区是怎样来的

淡水区的发现

古往今来，许多海上遇难者，都是由于没有淡水而丧生的。因而有了关于海井的种种传说，希望航海者能从海井中喝到甘甜的淡水。而我们这里要讲的是个实实在在的故事。

1489年，意大利出生的航海家哥伦布，在第三次横渡大西洋的航行中，在委内瑞拉的奥里诺科河口附近的海面上发现一块淡水区。

在美国佛罗里达半岛以东海面上，也有一块直径约30米的淡水区。看上去它的颜色与周围海水不一样，仿佛深蓝色布上染了一块圆圆的绿色；摸一摸，它的温度与周围的海水也不一样；捧起一汪尝尝，嗬，真清凉，还一点儿也不咸。这可就怪了，在这汪洋大海之中，怎么会出现这样一口界限截然分明的淡水井呢？

这一稀奇现象过了好长时间才弄明白。原来，这是陆地赠给海洋的礼物。科学研究发现，这块奇特水域的海底是锅底似的小盆地。盆地正中深约40米，周围深

度在15米至20米左右。盆地中央有个水势极旺的淡水泉，不断地向上喷涌着清如甘露的泉水。

就像我国济南市大明湖里的趵突泉一样，昼夜不停，永不枯竭。而且，这个淡水泉中涌出的水量为每秒40立方米，比陆地上最大的泉还要大得多。这股泉水就这样在海中日喷夜涌，出咸水而不染。在风力流的影响下，从泉眼斜着上升到海面，形成了奇妙的海中"淡水井"。淡水只有陆地上才有，那么，海中怎么出了淡水井呢？查来查去，找到了淡水井的来路。原来，是地下径流流入海底，又从泉眼喷出。地下径流难以数计，不难想象，茫茫大海上也就绝不止佛罗里达东海岸这一眼淡水井。

淡水河形成的原因

原来，濒临海洋的陆地表面渗入雨水后，如果地下的透水岩层或裂隙向海里倾斜，而且海底岩层又有不透水层，那么，渗入地下的水就会形成一个河流。在重力

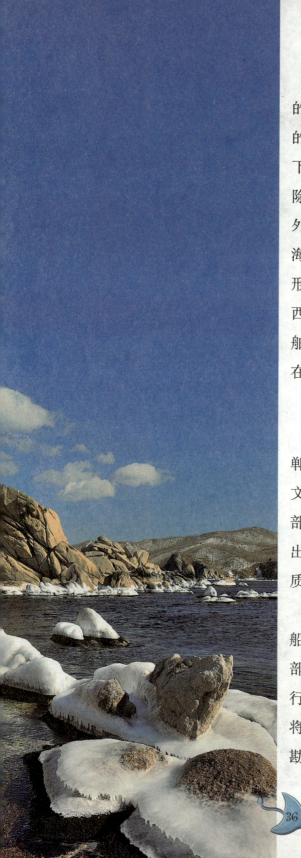

的作用下，这条河流就流入海底的地层下面。一旦遇到出口，地下水就会像泉水一样喷涌而出。除了海底喷泉能产生淡水河之外。在流入海洋的大江大河的入海口，由于水量巨大，往往也能形成类似的淡水河。比如在非洲西海岸刚果河河口附近航行的船舶，虽然远离大陆150千米，却能在海洋里吸取淡水。

相关报道

2007年7月10日，驻河北省邯郸市的我国煤炭地质总局第三水文地质队，在我国东海嵊泗岛北部约15千米处海底，首次成功打出淡水井。经权威部门检测，水质达到饮用水标准。

这次勘探采用的小平台加驳船，联合完成勘探井施工。有关部门正在组织科技人员，加紧进行室内资料分析整理工作，不久将提交出我国首个海底淡水资源勘察技术报告。

　　据了解，这口淡水井于2007年5月4日开工，5月10日完成直径1.33米小口径探孔，深度213.30米，进入基岩地层12.30米，至6月3日完成第四含水层成井、洗井、抽水试验工作。

科学研究

　　经我国地质科学院水文地质、环境地质研究所化验，这口井勘察到的第二含水层内为淡水，每小时涌水量30.71立方米，氯离子含量为每升587.9毫克，达到饮用水标准；第四含水层内为咸水，每小时涌水量119.29立方米，氯离子含量为每升4826毫克，远好于海水。两层水均具有较高的利用价值。

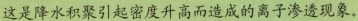

　　20世纪80年代末，苏联科学家在太平洋一个水域发现大片海底淡水。其不是海底泉水喷涌出的，也不是大河河口的延伸。科学家认为，这是降水积聚引起密度升高而造成的离子渗透现象。

我还想知道

海洋中也有细菌吗

研究简史

19世纪中期，有人就分离出第一个海洋细菌，1865年又分离出海洋奇异贝氏硫细菌。深海细菌的研究，也于1884年开始。

但在相当长的时间内，一直停留在描述、分类的水平上。

1946年，美国科学家佐贝尔以海洋细菌为主要内容的《海洋微生物学》一书的问世，促使海洋微生物的研究进入以生理、生态为基础的阶段。

1959年以后，苏联学者克里斯连续出版了研究深海微生物的著作，提出微生物海洋学的研究设想。

1961年国际海洋微生物学讨论会的召开，标志着以海洋细菌为主要

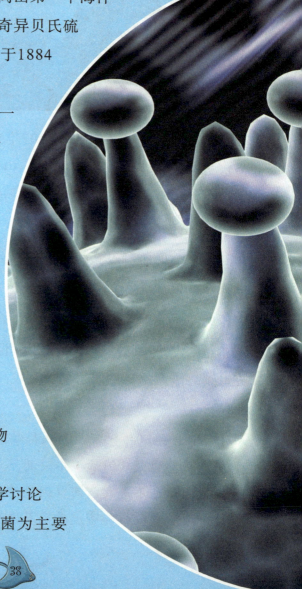

内容的海洋微生物学，已成为独立的学科。

发现过程

1980年，一艘日本远洋调查船，在太平洋的加拉帕戈斯群岛附近，进行海底考察，结果在一个深渊里发现了一种在90摄氏度的热水中竟会冻僵的细菌。人们都知道，在这种温度下，鸡蛋也会很快被煮熟的。

发现这种耐高温细菌的海中深渊，水深为2650米。那里的压强为266个大气压，海底地壳有一断裂层，从裂隙中喷出的间歇热泉的水温高达250度，热熔岩喷出后的堆积层中，含有大量的有毒的硫化氢。阳光照射不到那里，水底是一片永恒的黑暗世界。

而就是在如此严酷的环境里，这种耐高温细菌却正常地生活着，不断地繁衍着。

为了研究这种耐高温细菌，科学家把它们放在模拟天然条件的恒温

器中培养，发现它们即使在300度的高温下，仍能很好地生存；而在90摄氏度的环境中，则几乎被冻僵，根本不能繁殖。

这种细菌为什么会有耐受高温的能力？在300摄氏度的高温中它们为什么不会被煮烂？这仍然是未知之谜。

有人猜测，这种细菌的细菌胞内可能有一种特殊的冷却装置，即嗜热基因。但是这种嗜热基因究竟是什么物质构成的？它为什么能起冷却装置的作用？也仍然是无人知道的谜。

研究意义

海洋细菌参与降解各种海洋污染物和毒物的过程，有助于保持海洋生态系统的平衡和促进海洋自净能力。海洋细菌是产生新抗生素、氨基酸、维生素和其他生理活性物质的重要生产

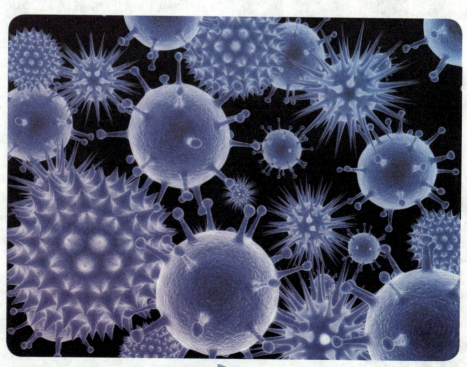

者。细菌参与海洋的沉积成岩作用，如参与硫矿和深海锰结核的形成等。在海洋成油、成气的过程中，细菌起着重要作用。

海水具有杀菌的效果，是由于海洋细菌的溶菌作用，致使陆源致病菌能够迅速死亡，海洋细菌还可直接作为海洋经济动物的饵料，细菌参与对各种海洋物质的腐蚀、变性、污秽和破坏过程。

某些海洋细菌是人体或海洋生物的致病菌，在特定条件下，海洋细菌代谢产物的积累会毒化养殖环境，如氨和硫化氢的积累危害生物养殖。也可以利用细菌的代谢活动来改善被毒化的养殖环境，如氨的氧化等。

我还想知道

海洋细菌是生活在海洋中、不含叶绿素和藻蓝素的原核单细胞生物。它们是海洋微生物中分布最广、数量最大的一类生物，个体直径在1微米以下，呈球状、杆状、螺旋状和分枝丝状的微生物。

美丽的景观

受大陆、河流、气候和季节的影响，海水的温度、盐度、颜色和透明度时刻发生着变化，这也使海洋在不同的季节，不同的时期有着多变的脾性和令人感叹的美丽壮观的身姿。

多姿多彩的海岸线

水乡泽国的河海口岸

我国的大河多是从西向东流入大海，在入海处泥沙堆积成三角洲平原。有一些河口是喇叭形的海湾，称三角港。这种三角港是河水与海水长期交锋的结果。天长日久，三角港扩大成为三角洲。这里地处海滨，地势宽阔平坦，湖泊众多，河渠纵横，土地肥沃。像长江、珠江三角洲，都是被称为鱼米之乡的富饶的农业区。我国较大的沿海三角洲有长江三角洲、黄河三角洲和珠江三角洲。

雄伟壮丽的港湾海岸

在大连海滨，岩壁俊俏，礁石在海中兀立，海水咆哮着涌向海礁，卷起一阵阵白沫飞溅的浪花，这就是港湾海岸。由于波浪成年累月永不停歇地冲刷，海岸的轮廓逐渐改变着，伸向大海的山冈成了海岬，海岬突出的部分为岬角，海岬被冲裂切断而向后退，便形成断崖陡壁和岸石滩地。岬角遭破坏后形成的大量岩屑和泥沙，又被海浪沿岸推移，有的成了陆连岸。这类港湾海岸广泛分布在我国辽

44

东半岛、山东半岛以及杭州湾以南的浙、闽、粤、桂沿海。它为人们建造优良海港、海水养殖场和海滨浴场创造了条件。

粉沙淤泥质的平原海岸

在渤海沿岸，华北平原直接与大海相连，那里岸线平直，地势低洼，海中水浅底平，距岸几十千米的大海中，水深仍只有三五米；海水黄浑，风平浪静，在平坦的泥质海底上，栖息着肥美的鱼群和海虾大蟹，这就是粉沙淤泥质平原海岸。

我国有长达2000多千米的平原海岸，主要是渤海西岸及黄海西岸的江苏沿海两处。此外，辽河平原的外围以及闽、浙、粤的一些河口与海湾顶部，也有小面积的分布。平原海岸主要是由潮流与泥沙的矛盾作用形成的。由于几经海陆变迁，使海滨平原蕴藏了丰富的油田，如今渤海海湾已成为我国主要海上产油区。

灌木丛生的红树林海岸

红树的生长要求终年无霜、温暖而潮湿的气候，它耐盐耐碱，适合在热带、亚热带风浪比较小的淤泥海滩上密集生长，形成奇特的海滨森林。

我国的红树林海岸大致从福建的福鼎开始，经台湾、阳

江、电白、海南岛到钦州湾。红树林既是一道天然防护林带，其自身也有经济价值，是沿海人民的一大财富。

沙丘海岸和珊瑚礁海岸

我国沙丘海岸不长，但分布相当广泛。如冀东沿海的秦皇岛与北戴河之间，以及洋河口与滦河口之间；山东半岛蓬莱、威海一带；广东的电白、湛江和海南岛一些地方。

我国的珊瑚礁海岸，大致从台湾海峡南部开始，一直分布到南海。其形态分为岸礁、堡礁、环礁三种。珊瑚礁海岸就是由珊瑚骨骼积聚而成的礁石海岸。

唯一没有海岸线的海

世界上唯一没有海岸线的海——马尾藻海，大体位于百慕大群岛以南、北回归线以北，由墨西哥湾暖流、北赤道暖流和加那利寒流围绕而成。马尾藻海远离江河河口，海面平静，浮游生物少。因此，马尾藻海水清澈湛蓝，是世界上透明度最大

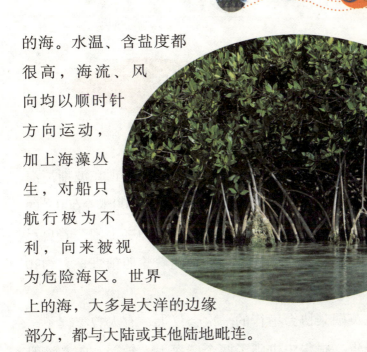

的海。水温、含盐度都很高，海流、风向均以顺时针方向运动，加上海藻丛生，对船只航行极为不利，向来被视为危险海区。世界上的海，大多是大洋的边缘部分，都与大陆或其他陆地毗连。

然而，北大西洋中部的马尾藻海，却是一个"洋中之海"。它的西边与北美大陆隔着宽阔的海域，其他三面都是广阔的洋面。所以它是世界上唯一没有海岸的海。马尾藻海的海面上，布满了绿色的无根水草马尾藻，仿佛是一派草原风光。在海风和海流的带动下，漂浮着的马尾藻，犹如一条巨大的橄榄色地毯，一直向远处伸展。除此之外，这里还是一个终年无风区。在蒸汽机发明以前，船只只得凭风而行。那个时候，如果有船只贸然闯入这片海区，就会因缺乏航行动力而被活活困死。

我还想知道

马尾藻是一种海洋生物，是海藻的一种。在大西洋中部的海面，有一片全是马尾藻的"海之绿野"，号称"魔藻之海"。

奇怪的海上光轮

事件记载

1880年5月的一个黑夜里，"帕特纳号"轮船正在波斯湾海面上航行。突然，船的两侧各出现了一个直径约500米至600米的圆形光轮。这两个奇怪的"海上光轮"，在海面之上围绕着自己的中心旋转着，几乎擦到了船边。它们跟随着轮船前进，大约20分钟之后才消失。

1884年，在英国某协会举行的一次会议上，有人曾宣读了一艘船只的航行报告。报告中讲到了两个"海上光轮"，向着该船旋转而来。当它们靠近该船时，船只的桅杆倒了，随后又散发出一股强烈的硫磺气味。当时，船员们把这种奇怪的光轮叫作"燃烧着的砂轮"。

1909年6月10日凌晨3时，一艘丹麦汽船正航行在马六甲海峡中。突然间，船长宾坦看到海面上出现一个奇怪的现象：一个几乎与海面相接的圆形光轮，在空中旋转着。宾坦被惊得目瞪口呆。过了好一会儿，光轮才消失。

1910年8月12日夜里，荷兰"瓦伦廷号"轮船船长布雷耶在南中国海上航行时，也看到了一个海上光轮，在海面上飞速地旋转着。与上面所提到的海上光轮不同的是，该船船员在光轮出现期间，都有一种不舒服的感觉。

奇特的海底光轮

1973年4月，一个叫丹德尔·莫尼奥的船长，在百慕大海区附近的斯特林姆湾海水里，看到一个形如大雪茄烟状的潜航物体。长约40米至60米，两头又圆又粗，航速每小时达10海里至130海里。这个潜航物体两次出现都是在16时左右，并且都是在比米尼岛和迈阿密之间的水域。

1973年11月6日深夜，美国的雷蒙德·瑞安及其儿子在一条玻璃纤维压膜摩托艇上发现了水下不明物体。这物体像降落伞盖的金属体，其直径约30米，发着乳白色强光。当瑞安父子俩驾艇向着水下亮光驶去时，亮光却渐渐暗下去。瑞安用桨板插入水中去够那发光体，对方无反应；当碰着它时，亮光就全熄灭了。

水下发光体像跟他们捉迷藏，当摩托艇靠拢时，亮光黯淡；当摩托艇离开时，重又白光闪耀。当海岸警备队的汽艇开来时，不明潜水物进入主航道向海湾潜航而去。它未在水面产生任何痕迹。北大西洋公约组织于1973年在大西洋上举行联合军事演习

时，一艘主力舰发现了不明潜水物。当时，这个半浮海面的巨大物体被舰队指挥官当成是不明国籍的间谍潜艇，于是一声令下，炮弹、鱼雷纷纷向它飞来。但不明潜水物毫无损伤，当它随即下潜时，整个舰队的所有无线电通讯设备统统失灵。直至10分钟后那个不明潜水物完全匿迹时，舰队的无线电通讯联系才恢复正常。

1967年3月与10月间，在亚洲东南部的泰国湾，先后5次出现"发光的海底巨轮"现象。当时许多光带飞速从水下穿过，像是从一个旋转的中心光源中辐射出来的一般。我国"成都号"远洋轮船长曾两次亲眼目睹到这种奇特的"海底光轮"。对于这样一种直径达数千米的、能够像性能良好的机械那样运转的有组织的"活"的机体，有的学者认为是"智慧现象"。

相关的假说

有趣的是"海上光轮"的大部分目睹者，都是在印度洋或印度洋的邻近海域，其他海域鲜有发生。

如何解释这种奇怪的现象呢？人们做了种种推论和假设。有人认为，航船的桅杆、吊索、电缆等的结合，可能会产生旋转的光圈；海洋浮

游生物也会引起美丽的海发光。

有时，两组海浪的相互干扰，还会使发光的海洋浮游生物产生一种运动，这也可能会造成旋转的光圈。但遗憾的是上述种种假设，似乎都不能令人满意地解释，那些并不是在海水表面，而是在海平面之上的空中所出现的海上光轮现象。

于是，又有人猜测，海上光轮也许是由于球形闪电的电击，而引起的现象，也有可能是其他某种物理现象所造成的。但这也只是猜测，谁也不能加以证实。

海洋，这个奇妙的世界，自古以来就流传着许多神秘的故事。但在科学技术高度发展的今天，人们已经揭开了许多海洋的奥秘。但这仅仅是人类向海洋进军的第一步，还有许多问题等待人们去解答。神秘的海上光轮之谜就是其中之一。

波斯湾，印度洋西北部边缘海，又名阿拉伯湾。位于阿拉伯半岛和伊朗高原之间。西北起阿拉伯河河口，东南至霍尔木兹海峡，长约990千米，宽56千米至338千米，面积24万平方千米。

我还想知道

奇异的自然景象

海光现象

在茫茫海上航行，人们经常会遇到一种奇异的自然景象：海光。当夜幕笼罩的时候，有些海面上会出现大面积的海光。有的闪闪烁烁，像流星一样；有的火花四射，像火珠一样；有时像爆发的焰火，有时像一个个齐整的几何图形，有时像探照灯射出的光芒，有时像旋转着的光轮。当轮船前进时，周围就激起无数的火花，船尾拖着一条长长的"火龙"。海水发光现象被人们称为"海火"。海火常常出现在地震或海啸前后。

事件记载

1933年3月3日凌晨，日本三陆海啸发生时人们看到了更奇异的海光。波浪涌进时，浪头底下出现三四个像草帽般的圆形发光物，横排着前进，色泽青紫，像探照灯那样照向四面八方，光亮可以使人看到随波逐流的破船碎块。一会儿，互相

撞击的浪花，又把这圆形的发光物搅碎，随之就不见了。

1975年9月2日傍晚，在江苏省朗家沙一带，海面上发出微微的光亮，波浪起伏着，像燃烧的火焰那样翻腾不停，一直至天亮时才慢慢消失。第二天晚上，亮光重又出现，更加强烈。

以后几天，逐天增强，到第七天，海面上出现大量泡沫。当船只驶过的时候，激起明亮的光，水中还闪烁着许多珍珠般的发光颗粒。几小时后，这里发生了一次地震。

1976年7月28日我国唐山大地震的前夜，人们在秦皇岛、北戴河一带的海面上，也曾见过这种发光现象。尤其在秦皇岛附近的海面上，仿佛有一条火龙在闪闪发亮。1896年6月15日，日本三陆遭到25米高的海啸巨浪袭击。当海水退出5000米时，人们看到水底发出一种淡青色的光。后来，浪涛再度袭来，天空映现出粉红色，有个渔民在巨浪中航行，看到波峰上的闪光，像电灯光那样明亮。1909年8月11日半夜间，"安姆布利亚号"轮船向科伦坡驶去时，发现东南方向有亮光。开始时海员们以为是城市和港湾的灯光呢。后来，亮光越来越强，方才看清楚这不是什么城市灯光，而是海洋发出来的一条光带。

第二次世界大战时，美国舰队驶往日本群岛时遇到了海光。错误地以为那里有日本舰队，受了一场虚惊。

海火是怎样产生的

长期以来，人们只知道海光是海水中微生物发出的荧光。可是，为什么只在局部的地方出现这些发光现象呢？而且这种光为什么又具有多变而奇异的形状呢？

德国科学家库尔特·卡尔列对此作了解答。他说，海光和多变形状的形成，同海底火山爆发引起的地震波有关。地震时，海水内部的压力发生变化，引起某些海洋生物的反应，由此而发光，地震波是促使海水压力变化的一个原因。观察表明，在海水

振荡最厉害的地方，海光特别明亮；反过来，海光越弱，甚至消失不见。在有各种不同振荡强度的水域里，海光就最奇异美妙。

大多数人认为这与海里的发光生物有关，海水里的发光生物因受到扰动而发光。据此人们推测，当海水受到地震或海啸的剧烈震荡时，便会刺激这些生物，使它们发出异常的光亮"海火"。美国学者对圆柱形的花岗岩、玄武岩、煤、大理岩等多种岩石试样进行破裂试验。结果发现，当压力足够大时，这些试样便会爆炸碎裂，并在几毫秒内释放出一股电子流，激发周围的气体分子发出微弱的光亮。

在实验中，他们还注意到，如果把样品放在水中，则碎裂时产生的电子流，也能使水面发出亮光。但海啸发生时，并没有大量的岩石爆裂，海火又是如何产生的呢？

有人认为，海火作为一种复杂的自然现象，很可能有着多种的成因，生物发光和岩石爆裂发光只是其中的两种可能机制，由不同机制产生的海火，有着什么不同的特征，目前尚是谜题。

海水是怎样开花的

海水开花，是指海水表层内浮游生物大量繁殖，使海水颜色和透明度发生很大的变化。

浮游生物很多时，会把海水染成深绿色，有的会使海水成为黄色、褐色、红色等。海水开花现象，世界各大洋及其边缘海中各不相同。在极地附近的海域里，当鲸鱼爱吃的甲壳动物大量繁殖的时候，常常把海水染成红色或玫瑰色。

在太平洋、大西洋一些海面上，以及北冰洋的巴伦支海中，

散布着一种硅质类海藻，具有矽质骨架，海水开花就是由它们造成的。在鄂霍次克海和日本海，海水开花是由单细胞藻类繁殖而形成的。

波罗的海的夏季，蓝绿色的水草大量繁殖，每当风平浪静的时候，远望海面，仿佛一大片无边无际的深绿色草原。

海水开花同季节有关，在热带，冬季也会出现，而在温带和寒带，大多在春秋两季。海水开花严重的时候，生物体密集得使轮船的吸水孔堵塞，给航行带来很大困难。

海鸣现象

海鸣的声源在哪里呢？有些海鸣的声源是众所周知的，比如波浪翻腾和惊涛拍岸发出鸣响，地震和火山活动引起鸣声，鱼类和其他海洋生物发出的声音等。但有些海鸣的声源至今还是个谜。在我国广东省湛江硇洲岛的东南海面，每当风云突变，天气异常，风暴即将到来时，海面上就会发出一阵阵有节奏的"呜呜呜"声响。这声音好似闷雷滚动，错落有致。

事件记载

据当地老人说，在很久以前建造硇洲岛国际灯塔的时候，法国人把一个大水鼓沉放在水中。水鼓相当于海况探测报警器，专门作为海上天气预报用的。它能随时向人们发出风浪异变的信息。这"呜呜呜"的声音就是它发出来的。

1969年，有人曾在这片海域发现过一群海猪游动。于是，当地人就认为，海鸣有可能是海猪的号叫声。但在没有海猪活动的地方，也有海鸣的产生。很显然这种说法是错误的。

1976年，砌洲岛东南海上的海鸣声比以往减弱了。于是，持"水鼓说"的人认为，这是由于水鼓年代太久，从而导致其功能日益减退。持"海猪说"的人则认为，这是由于近年来，人们在这一带海域的活动明显增加，影响了海猪的正常的生活。

两种说法看上去似乎都有一定的道理，砌洲岛东南海上海鸣的声源究竟在哪里，至今仍是一个谜。

我还想知道

古巴岛附近有个"夜明海"，入夜以后，海水自放光明，轮船驶过，在船舷甲板上即使不点灯也能够看书读报。夜明海生长着各种海生动植物，死后历久变为磷质，积聚一起。从而发出明亮光芒。

深海中的奇异景观

海底的闪光雕像

在红海之滨，有一小块沿海区，被划为开发沿海旅游业的景点。这里经常发生潜水的旅游者和潜水运动员在水下神秘失踪的事件。两名来自德国的潜水爱好者爱玛和马克斯，在这一海域神秘失踪。而且是在风和日丽的天气里，在距离海岸50米处的水下失踪的。他们的伙伴托柳德维格被留在船上，可是过了好长时间，也不见他们的踪影，只见那海底处有一块巨大的闪光砾石。

当地政府派来专业潜水员深入水底寻找。可是，找遍周围水域，结果一无所获。于是，潜水员们对托柳德维格说的那个水下

闪光的神秘巨砾石进行了考察：从外表看，这块水下巨砾石很像一尊古代雕像的头部，从它的正面看，它很像一个巨大的玫瑰色人的面孔，还有很像人的鼻子和眼睛的细微部，它的表面被海水冲刷得十分光滑。专家们得出结论，这很可能是自然形成的。

当研究人员翻开档案时却惊异地发现，这一海域在过去就曾发生过人神秘失踪的案例。从1976年至今，已记录下10多起类似的悲剧事件。所有失踪者全是从事潜水运动者，而且每次事发后，都找不到失踪者的尸体。

美丽的海底壁画

1989年9月的一个早晨，法国潜水员库斯奎在地中海摩休奥湾内一处崩岩脚下，发现海水下40米处有一个黑洞。

1993年7月9日，库斯奎再入洞穴，同去的还有3名潜水协会会员，分别是他的23岁侄女桑德玲库斯奎、27岁的杨苟甘和31岁的巴斯卡尔。他们拍下了洞壁上的图案，发现是手的形状。

4天后，他们4个人又潜入洞内。在泛光灯的照射下，他们发现洞顶有一幅巨角黑山羊图、一幅积满方解石的雄鹿图，还有一幅是奔马图。东面的洞壁画着两头大野牛和许多手掌印，有的五指还不全，另外还画着一个猫的头部和3只企鹅。马和野牛之间还画有几只羚羊、一只海豹，还有一些怪异的几何符号。数一数有好几十幅。

库斯奎带着照片，去过海事局设在马赛的办事处，也去过海底考古研究部。官员们对库斯奎的话半信半疑。后来一名海底专家为了证实这一情况，与库斯奎一同潜水进入洞壁。

鉴定工作进行了4天。此时，再也没有人怀疑了。大家完全相信库斯奎带回的资料。

考古研究部的初步判断，不久便得到实验室测定的证明。根据碳-14测定，这些画已有1844万年的历史，画画的炭是用挪威松和黑松烧成的。

这个洞显然是古人类举行仪式的地方。人类一般栖居在洞的外头。这个洞里没有工具、箭头、兽骨等遗物，证明欧洲人的祖先大概是在这里举行宗教仪式，洞壁上的画就像是今天教堂中的圣像和十字架，掌印可能是符号语言的一部分。如今，法国考古研究所已将该洞命名为"库斯奎洞"。

古老岩石

科学家们在大西洋中脊一带的海底发现，这里的海底就像是一个被打破的鸡蛋，到处都是像刚刚流出来的蛋黄一般的岩浆凝固而成的岩石，有的像钢管，有的像薄板，还有的像绳子、棉纱，甚至像被挤出来的牙膏……

这些岩石的表面，还有一层恰似骤然冷却的玻璃质外壳。他们还发现有许多切过裂谷底部、深不见底的裂缝。种种迹象表明，正如海底扩张和板块构造理论所认为的那样，这里是新生地壳的发源地，地幔物质正是通过那些深不可测的裂缝上升，并推挤着两旁的海底向外扩张；证明这里的岩石正像板块构造理论所要求的那样，其年龄值趋近于零。

然而，事物是复杂的，尽管有着这次实际观察资料作为证据，但是，人们也发现一些与板块构造理论不相符合的事实。其中最引人注目的也正是在另外一些大洋中脊发现的古老得多的岩石。

1947年，美国哥伦比亚大学所属的拉蒙特－多尔蒂地质研究所的"阿特兰蒂斯号"海洋考察船，在北纬30度的大西洋中脊，采集到几块变质玄武岩样品。经过测定，这些岩石的年龄值为4800万年。由于当时板块理论尚未提出，人们也就没有对这一年龄值提出怀疑。

后来，虽然海底扩张和板块构造理论问世了，但理论的倡导者们又完全忽略了这一事实。断言大洋中脊是新生岩石诞生的场所。有人提出质疑，有些板块构造的支持者则以年龄测定误差来应付。

我还想知道

法国把库斯奎洞称为"圣所"，考古学家认为，人类栖居洞窟总是靠外面，永远不会在隧道尽头，这个洞里没有工具、箭头、骨骼等遗迹，说明欧洲人的祖先大概是在举行宗教仪式时才到里面来的。

深海中离奇的怪事

来自海底的电视信号

据说在几千年前，随着火山爆发而沉下海底的超级文明古国阿特兰蒂斯，并没有从这个世界消失。阿特兰蒂斯又译为亚特兰蒂斯，在帕拉图的著作和希腊神话中出现的一个神秘地区，一个人类至今无法解答的谜。

据说它目前仍然在大西洋深海某一处，而且还不断发出电视信号。一位居住在北欧挪威的妇人碧姬·法兰克，就曾经接收到了这么一个神秘电波，在她的电视机上，清楚见到这个文明古国的近貌。

碧姬的古怪遭遇，最先发生在某年的8月11日。

当时她正在看电视，忽然画面受到一阵电波干扰，跟着出现的便是一个她从未见过的海底景象。这位33岁的妇人，被电视上突然出现的神秘画面给惊呆了。

随后的每一个晚上，这景象不断重复出现。到了最后，任职于一家科学院做秘书的碧姬，决定找专家来一看究竟。

于是，她就把拍下的照片给他的上司看，她的上司认为很像阿特兰蒂斯。接着她又把照片拿给华许斯博士看，他也认为是阿特兰蒂斯。

这位兴奋的考古学家立即连同他的一位同事、历史学家夏拿拉幸博士到碧姬家里观看她的电视。夏拿拉幸博士也说它确是阿特兰蒂斯，这绝对错不了。

从那些画面上所见，它似乎是一度繁华的大城市，地点就在

大西洋海底某处。过去人们一直都认为阿特兰蒂斯只不过是个神话传说，但现在有了这些画像，便可以证明这个科技水准超越现在的文明古国，至今仍然存在。

海中神秘的肇事者

1956年7月25日13时许，"多利亚号"与"斯德哥尔摩号"在大西洋上相向航行。到了15时，海上突生浓雾，"多利亚号"进入一片伸手不见五指的水域。

此时"斯德哥尔摩号"所处水域还没有起雾，22时30分，突然屏幕左角出现一个小小光点。

他知道，这表示在距离19千米的前方正有一艘海轮驶来。23时20分多一点，卡拉美船长也看到荧屏上出现的一个小光点，也同样知道有一艘船正向着自己驶来。

两艘船中，"斯德哥尔摩号"比较靠近海岸，南塔岛在其左舷方向。"多利亚号"则离岸较远，它的左舷方向是广阔的洋面。当然，按常理，这两艘船相遇并不会有什么意外。

"斯德哥尔摩号"三副乔安生，用肉眼也观察到了一个暗红色的亮点，在左前方不到3200米处。

乔安生立即下令舵转右方。这样好使来船可以清晰地看到本船左舷的红灯。

虽然"斯德哥尔摩号"正在采取紧急避让措施，但在"多利亚号"看来，"斯德哥尔摩号"乃是全速地抢到自己的航道上来，并拼命撞来！

此时已来不及躲闪，只听得"轰隆"一声巨响，"斯德哥尔摩号"那无比坚硬的钢角已拦腰插入"多利亚号"的船身。"多利亚号"还是失去了控制，并开始下沉。

7月26日上午10时整，"多利亚号"完全沉入海底。虽然抢救及时，还是有52人死亡或失踪。

我还想知道

1880年，人们在美国罗德文兰州纽波特市附近海面上，发现一艘叫"西贝尔德号"的帆船。船上一切完好，船长室里还摆放着丰盛的早餐，但船上却一个人也没有。船里的人哪里去呢？至今无人知晓。

海底深藏的秘密

大西洋海底风

早在1918年，德国一艘名为"流星号"的海洋考察船，在大西洋进行海底考察时，偶然从回声探测仪上发现，大西洋中部的海底比两边高出许多，由东往西竟是1000千米长的凸起高地。

在这之后的3年中，他们作了几万次探测试验，终于发现那里隐藏着令人难以置信的海底山脉。

后来，通过对大西洋的全面调查，科学家们找到了这条山脉的两极。它始于冰岛，经大西洋中部一直延伸至南极附近，曲曲弯弯长达1万多千米。山脉的走向与大西洋的形态完全一致，也是呈"S"形，平均宽度在1000千米以上，比两侧洋底平均高出2000米。

它是由一系列平行的山系结合在一起形成的。山脉露出水面的顶峰，组成了一串珍珠般美丽的岛屿，其中包括冰岛、亚速尔群岛、圣赫勒拿岛与特里斯坦－达库尼亚群岛等。

连绵的海底山脉

然而，大西洋海底这座使人难以想象的山脉，却只是全球海底山脉不起眼的一部分。

海洋学家在研究了世界各大洋的探测资料后宣布：世界各大洋底都存在着类似的海底山脉。如果把它们像火车一样一节一节地接起来，总长度超过6.5万千米，可以绕地球一圈半。而且，它们的高度一般不超出相邻的洋底1000米至3000米，宽度超过1000千米，总面积相当于亚、欧、非、美洲全部陆地面积之和。

洋底的地形分布也有一定的规律。在各大洋中，都有大致作南北走向的巨大的海底山脉，绵延1万多千米，在洋底东部还有一个大洋中脊。

印度洋中部除存在一条"人"字形的中央海岭外，东部还有一条南北走向的长达6000千米的东印度洋海岭。北冰洋虽然较浅，但在中部也有两条略成南北走向的海岭。

海底山脉成因

风光绮丽的夏威夷岛，就是太平洋海底山的一部分。它的最高处超出水面4200米，而山根却在水下6000米的深处。也就是说，这座海洋山峰

的高度在1万米以上，比珠穆朗玛峰还要高1000多米。

科学家们发现，海底山脉多数是由橄榄岩、玄武岩等火山岩石构成的。海底山脉多发育在海底高原和隆起的高地上。这些高原、高地是岩浆喷发时形成的。科学考察表明，海底地壳下岩浆对流活动时地壳发生裂隙，岩浆沿着这些裂隙喷发到海底表面，造成了纵横数千米的海底高原和海底高地。而在这些高原和高地上又升起一座座海底火山。经过漫长的岁月，火山喷发形成的火山岩，便堆成了今天的海底山脉。

海底峡谷的成因

人们经常会在大洋边缘的大陆架和大陆坡上，发现坡度陡峭、极其壮观的海底峡谷。

有专家认为，海底峡谷是由地震引起的海啸侵蚀海底而成

的。可是，在没有海啸的地区也发现有海底峡谷。可见，海啸之说不能用来解释所有海底峡谷的成因。

另一种说法，海底峡谷是由海蚀造成的。他们认为这些海底峡谷所在的海底过去曾经是陆地，河流剥蚀出的陆上峡谷，后来由于地壳下沉或海面上升，才被淹没于波涛之下成为海底峡谷。

浊流

1885年科学家发现，富含泥沙的罗纳河河水，注入清澈的湖水之下，沿湖底顺坡下流。以后科学界把这种高密度的水流称作浊流。1936年，美国学者德利在阅读一篇描述日内瓦湖浊流现象的文章时，猛然意识到，海底峡谷很可能就是由海底浊流开拓出来的。携带大量泥沙，沿海底斜坡奔腾而下的浊流，应具有强大的侵蚀能力。不过，当时还从未有人观察过海底浊流现象，所以人们对这一说法仍然将信将疑。

日本学者观点

日本学者星野通平认为，历史上海平面曾一度比现今低数千米，大陆架和大陆坡那时均是陆地。不过，现代地质学研究表明，全球海平面大起大落幅度达数千米是根本不可能的。至于某些大陆架、陆坡区地壳大幅度升降的

69

说法，倒是可以接受的。但海底峡谷也广泛见于地壳运动平静的构造稳定区；所以陆上峡谷被淹没的说法，不能作为海底峡谷的普遍成因。

关于浊流的研究

直至20世纪50年代，海洋地质学界通过深入研究，才得出浊流具有强大的侵蚀能力的结论。

1952年，美国海洋学家希曾等人研究了1929年纽芬兰岸外海底电缆，在一昼夜间沿陆坡向下依次折断的事件，判定肇事者正是强大的海底浊流。

希曾等人还根据海底电缆依次折断的时间，推算出这股浊流在坡度最大处流速高达每秒28米，在到达水深6000米的深海平原时，流速仍有每秒4米。自陆坡至深海洋底浊流长驱达数千里之遥。这个理论逐渐被科学家认可。但也有学者怀疑，海底浊流虽

有较强的侵蚀能力，只是那么大的海底峡谷，仅靠浊流能否切割出数百米乃至数千米的深度，仍是一个未知数。

海底为何有浓烟

1979年3月，美国海洋学家巴勒带领一批科学家，对墨西哥西面北纬21度的太平洋进行水下考察时，透过潜艇的舷窗，他们看到了浓雾弥漫下，一根根高达六七米的粗大的烟囱般的石柱顶口，喷发出滚滚浓烟。

将温度探测器伸进浓烟中，测得温度竟高达近千度。经过仔细观察，他们发现浓烟原来是一种金属热液喷泉。当遇到寒冷的海水时，便立刻凝结出铜、铁、锌等硫化物，并沉淀在烟囱的周围，堆成小丘。

在这些温度很高的喷口周围，还形成了一种特殊的生存环境，生活着许多贝类、蠕虫类和其他的动物群落。巴勒等人的发现引起了科学界的极大兴趣。美国密执安大学的奥温认为，这种海底喷泉，可能与地球气候的变化有着密切联系。

奥温在研究了从东太平洋海底获取的沉积物和岩样以后，发现在2000万年至5000万年前的沉积物中，铁的含量为现在的5倍至10倍，钙的含量则为现在的3倍。沉积物中钙、铁等的含量会这样高，奥温认为这可能与海底喷泉活动的增强有关。

海底为何会下潜

1932年，荷兰科学家万宁·曼纳兹利用潜水艇测定海沟的重力，发现海沟地带的重力值特别低。这个结果使他迷惑不解，因为根据地块漂浮的地壳均衡原理，重力过小的地壳块体应当向上

浮起，而实际上海沟却是如此的幽深。

经过一番研究，万宁·曼纳兹认为，可能是海沟地区受到地球内部一股十分强大的拉力的作用，所以才有下沉的趋势，从而形成幽深的海沟。

20世纪中叶，人们认识到大洋中脊顶部是新洋壳不断生长的地方。在中脊顶部每年都要长出几厘米宽的新洋底条带，而地球表面面积却并没有逐年增大。可见，每年必定有等量的洋底地壳在别的什么地方被破坏消失了。

在100千米至200千米厚的坚硬岩石圈之下是炽热、柔软的软流圈，在那里不可能发生地震。之所以有中、深源地震，正是坚硬岩石圈板块下插进软流圈中的缘故。

这些中、深地震就发生在尚未软化的下插板块之中。海沟地带两侧板块相互冲撞，从而激起了全球最频繁、最强烈的地震。也正因为洋底板块沿海沟向下沉潜，才造成了如此深的海沟。通过以上分析，可以看出曼纳兹的理论是非常正确的。

日本地球科学家上田诚也等人认为，洋底岩石圈密度较大，其下的软流圈密度偏低，所以洋底岩石圈板块易于沉入软流圈中。俯冲过程中，随着温度、压力升高，岩石圈发生变化，密度还会进一步增大。

这就好比桌布下垂的一角浸在一桶水中，变重了的湿桌布可能把整块桌布拉入水桶。海沟总长度最长的太平洋板块，在全球板块中具有最高的运动速度。

上田诚也等人据此认为，海沟起到拖拉板块下沉的作用，可能是板块运动的重要驱动力。如果确实如此，洋底板块理应遭受扩张应力作用，而近年来的测量发现，洋底板块内部却是挤压应力占优势。这一事实对于重力下沉的学说是一个有力的驳斥。

另有一些学者提出地幔物质对流作用的观点，认为大洋中脊位于地幔上升流区，海沟则处在下降流区，正是汇聚下沉的地幔流，把洋底板块拉到地幔中去的。

这一看法与上述万宁·曼纳兹的见解如出一辙。但是，目前我们还缺乏地幔对流的直接证据。也有一些学者强调地幔物质黏度太高，很难发生对流。

海底为何会下潜，至今也没有定论，还有待科学家进一步去探索。

海底高原，又称海台或海底长垣。为宽广而伸长的海底高地。通常起伏较小，台顶面比较平坦，高出周围洋底1000米至2000米。侧面坡度一般较陡，但有的也较平缓，有时可绵延几千米以上。

我还想知道

太平洋上的珊瑚海

地理位置

西南太平洋上的珊瑚海，是个半封闭的边缘海。它在澳大利亚大陆东北与新几内亚岛、所罗门群岛、新赫布里底群岛、新喀里多尼亚岛之间，水域辽阔，一望无垠。

珊瑚海地处南半球低纬地带，全年水温都在20度以上，最热月水温达28度，是典型的热带海洋。由于几乎没有河水注入，海水洁净，呈蓝色，透明度比较高，深水区也比较平静。碧蓝的海上镶嵌着千百个青翠的小岛，周围黄橙色的金沙环绕，岛上绿树葱茏，礁上不时激起层层的白色浪花，在强烈的阳光照射下，显

得光亮夺目。

在小岛的岸边，俯览蔚蓝色的大海，可以看到水下淡黄、淡褐、淡绿和红色的珊瑚。美丽的珊瑚丛，有的形同蒲扇，有的宛如花枝和鹿角，有的好像一朵绽开的百合花，千姿百态，瑰丽动人。碧清的海水掩映着绚烂多彩的珊瑚岛群，呈现一派秀丽奇特的热带风光。

海洋公园

1979年，澳大利亚政府规划，把总面积1万多平方千米的珊瑚岛屿与礁群，建成世界上最大的海洋公园，供人们参观游览。旅游者可以在岛礁上的白色帐篷里休憩、娱乐，可以在滨海的金色沙滩上垂钓、散步，也可以乘坐特制的潜水器，到水下亲自观赏迷人的水下世界。

当然，在这恬静的水面下，潜伏着许多高低起伏的暗礁，也会成为各类船舶航行的严重障碍；在景色秀丽的水下世界里，还隐藏着蓝点、海葵、火海胆等不少有毒的生物。除此之外，这里的确称得上是一个美丽的海上乐园。

珊瑚虫与珊瑚礁

珊瑚礁是由珊瑚虫死亡后的骨骼形成的。珊瑚虫是腔肠动物门里的一个大家族，称为珊瑚虫纲，它们生活在温暖的海洋里，拥挤地固着在岩礁上。

新生的珊瑚虫就在死去的珊瑚虫的骨骼上生长。它们有的生成树枝状，有的像一个蘑菇，有的像人的大脑，有的像鹿角，有的似喇叭状，颜色有浅绿、橙黄、粉红、蓝、紫、白等，真是五

花八门、五颜六色，非常好看。

珊瑚虫的触手很小，都长在口的旁边，海水流过时，触手将海水中的食物送进口中，然后在消化腔里被吸收。珊瑚虫有从海洋里吸收钙质制造骨骼的本领。老的珊瑚虫死去了，新的珊瑚虫又长了出来，就这样一代一代地繁殖下去，它们的石灰骨骼也不停地积累下去，逐渐形成珊瑚礁。

因此，珊瑚礁的存在，依赖于亿万个活着的珊瑚虫。一旦这些珊瑚虫大批地死亡，珊瑚礁本身也就会失去生机，在海水的冲击下，会逐渐分化、瓦解，以至消失。

珊瑚虫为什么会大批地死亡

有的专家认为，海水污染是珊瑚虫大批死亡的主要原因。据科学家的观察研究，有一种海藻类植物，总是伴随着珊瑚虫一起在珊瑚礁里生活。

海藻可以从珊瑚虫那里获得所需要的二氧化碳；而珊瑚虫则可以从海藻身上得到氧、氨基酸和碳水化合物。

但当珊瑚礁附近的海水被污染以后，海藻就无法继续生存和繁衍。一旦海藻消失，与海藻共生的珊瑚虫也随之死亡，于是引起了珊瑚礁的瓦解、消失。

但有的专家提出了不同的看法。他们认为，珊瑚礁消失的原因，不是由于污染是由于气候变化所引起的。因为在一些没有受到污染的海域，也发生了珊瑚礁消失的现象。据实验表明，海水温度在26度左右时，最适合珊瑚虫和海藻的生存。

而发生厄尔尼诺现象时，由于气候异常，引起海流发生异

常，使某些海区海水温度骤然升高，有的海区水温可超过30度，珊瑚虫和海藻不能适应这样高的水温而导致死亡，珊瑚礁也随之而消失。

珊瑚礁大量消失之所以引起人们的关注，是因为珊瑚礁可以为鱼类和其他海洋生物提供较为理想的栖息场所，还可以保护海岸地区不受到海浪的冲击。所以有关的专家正在进一步地调查研究，以便解开珊瑚礁消失之谜。

我还想知道

世界上最大的珊瑚暗礁群大堡礁，绵延分布在澳大利亚的东北海岸。长2400千米，北窄南宽，从2000米逐渐扩大至150千米，总面积达8万多平方千米。这一带海域拥有多种软体水生动物和鱼类等。

暴虐的性格

　　海洋有温柔多姿的一面，也有残暴无情的一面，海雾、台风、地震、海啸、赤潮等突发性的自然灾害常常给人类带来致命的打击，更留下挥之不去的惨痛记忆。

海域的海雾

事件记载

海雾是在海洋直接影响下形成的。1956年7月25日夜，一艘灯火辉煌的瑞典客轮"斯德哥尔摩号"在雾海上夜航，用雷达搜索着前方海面。它的航速很高，因此离港后不久，就把纽约市的身影远远地抛在后面。

在"斯德哥尔摩号"的前方航线上，另一艘意大利客轮"多利亚号"已越过大西洋，在先进雷达的搜索指引下，正向纽约港靠近。

22时30分，"多利亚号"从纳达克特岛附近经过，以每小时23海里的航速西行。23时30分，"多利亚号"已航行到灯塔以西

4.63千米处，由于快要到纽约了，乘客们沉浸在一片欢乐气氛中。突然，一声巨响和震动之后，只见"斯德哥尔摩号"的船头插进了"多利亚号"的右舷中部。船上顿时引起一阵骚动，人们惊慌失措。

当时，"多利亚号"的航速是每小时23海里，"斯德哥尔摩号"的航速是每小时18.5海里，两艘船的相对速度在每小时40海里以上，所以碰撞得十分严重。

尤其是"多利亚号"航船伤势严重，危急时刻，船长命令电报员发出呼救信号。航行在附近海区的两艘法国船，听到呼救信号后急忙赶往现场，把1654名遇难者救上船，另外还有52人在碰撞中死亡和失踪。碰撞后11小时，意大利客轮"多利亚号"的巨大身躯，终于消失在大西洋的滚滚波涛中。

虽然两艘船都装有先进的雷达，但由于船在靠近陆地水域航行时，雷达电波会受到陆地及岛屿阴影的干扰，同时也不能及时发现被自己的桅杆死角遮住的目标物。加上受到陆地上无线电发射天线的干扰，使雷达的作用大为降低，才酿成了船毁人亡的重大悲剧。

简要叙述

海上航行，常因海雾而受阻，甚至造成海难。第二次世界大战期间及其后，人们曾对海雾进行了专题调查。

分析研究与其生消过程有关的天气形势、空气层结及其物理化学性质，为探索海雾预报奠定了一定的基础。依成因不同，可把海雾分成平流雾、混合雾、辐射雾和地形雾四种。

世界海域的海雾

全球各海区的海雾，类型虽然很多，但其中范围大、影响严重的首推平流冷却雾。而以中高纬度大西洋的纽芬兰岛为中心，和以北太平洋千岛群岛为中心的两个带状雾区最为显著。以南印度洋爱德华王子群岛为中心的带状雾区也很突出。

其次便是大洋东岸低纬度信风带上游的雾，如太平洋东岸的加利福尼亚外海和秘鲁外海，大西洋东岸的加拿利群岛以南的海域和纳米比亚外海都是这类雾区。这些海域的海雾多在春夏盛行，尤以夏季为最。

其特点是雾浓，持续时间长，严重的大雾可持续一个月至两个月。平流蒸发雾多见于冷季的副极地，或冰山和流冰的外缘水

域，雾层薄，形似炊烟。

但当它在春秋季节，与平流冷却雾在中、高纬度海域交替出现时，也常构成大片浓雾区。至于散布在世界各海域的零星雾区，大多有地区性，难成体系，并且不一定属于同一雾型。

平流雾

当暖空气从温暖的水面流向冰水面时，暖空气就会冷却降温，凝结出水汽，继而以液体水滴的形式悬浮在空中。这种大大小小的水滴越聚越多，便形成了雾，直接影响了空气的透明度。

由于这种雾主要是靠暖空气在冷海面上的平流运动形成的，所以叫作平流雾。在海洋上的雾，绝大多数都是平流雾。这种雾随风飘移，分布范围广，持续时间长，浓度大，常常给行船造成灾难。

蒸汽雾

当冷空气到达暖水面时，由于海水温度高于气温，海面上的水汽压力大于空气水汽压力，造成水面强烈蒸发，水汽进入冷空气中。当冷空气中的水汽达到饱和状态时，水汽就凝结出小水滴，越来越多的小水滴聚集漂浮在低空，便形成了蒸汽雾，使能见度降低。

我还想知道

海洋上空的降雨降至低空时，因低层温度增高而使雨滴蒸发，提高了低层空气温度。同时，又有冷空气流入，与低层暖湿空气混合，使暖湿空气饱和，形成了混合雾。混合雾的水汽主要来源于天空降雨。

83

威力巨大的海洋台风

什么是台风

人们有时会在热带洋面上，发现一种状如蘑菇的强烈气旋，其直径通常在几百千米以上，云层高度在9000米以上，这就是台风。它带来的涌浪、暴雨和风暴潮，对海上航船和海岸设施破坏极大。

台风可分为台风眼区、台风涡旋区和台风外围区。台风眼区是台风的中心部分，这是一个相对稳静，具有少云或无云天气的空心管状区，直径在10千米至60千米，气压极低，并且稳定少变，四周被高高的云墙所环绕。这里的海面状况十分恶劣，对船舶危害极大的金字塔浪，往往出现在这里。

台风涡旋区是绕台风眼周围的最大风速环形区。这里高大宽

厚的云墙，宽达几十千米，它的半径约100千米，在该区每秒40米至60米的大风是常见的事，曾出现过每秒100米以上的强风。

台风外围区是台风的边缘大风区，这个区域内的天气乱云翻滚，雨量时大时小，时降时停，风力向台风中心逐渐增大，气压降低。

事件记载

1935年9月26日，日本海军第四舰队在三陆冲海面行进时突遇台风。但他们迎着狂风恶浪，仍按原计划前进。当时台风中心最大风速达每秒40米，最大浪高在14米以上。舰队横穿台风，进入台风眼。结果38艘军舰遭到狂风巨浪的袭击，"初雪号"和"夕雾号"驱逐舰被拦腰切断，"望月号"舰桥断裂，进入危险半圆的水雷舰全部覆没。14艘5000吨以上的大型舰艇，也都遭到不同程度的破坏。人员大量伤亡，损失极为惨重。

1970年11月，发生在孟加拉国的台风是近代最严重的台风灾害。它于11月12日夜间至13日凌晨在吉大港附近的哈提亚登陆，猛烈袭击了孟加拉沿海。在短短的时间里，30多万人丧生，几千万人流离失所。

台风即热带气旋

台风实际上是强烈的热带气旋。热带气旋是发生在热带海洋上的强烈天气系统。它像在流动江河中前进的涡旋一样，一边绕自己的中心急速旋转，一边随周围大气向前移动。像温带气旋一样，在北半球热带气旋中的气流，绕中心呈逆时针方向旋转；在南半球则相反。越靠近热带气旋中心，气压越低，风力越大。但发展强烈的热带气旋，如台风，其中心却是一片风平浪静的晴空区，即台风眼。

在热带海洋上发生的热带气旋，其强度差异很大。1989年以前，我国把台风中心附近最大风力达到8级或8级以上的热带气旋称为台风，将台风中心附近最大风力达到12级的热带气旋，称为强台风。热带气旋是热带低压、热带风暴、强热带风暴和台风的总称。但由于热带低压破坏力不强等原因，习惯上所指的热带气旋，一般不包括热带低压。

台风的形成

热带气旋的生成和发展需要巨大的能量，因此它形成于高温、高湿和其他气象条件适宜的热带洋面。

据统计，除南大西洋外，全球的热带海洋上，都有热带气旋生成。大多数的热带低压，并不能发展为热带风暴。也只有一定数量的热带风暴，能发展到台风强度。台风之间的强

度差异也很大，有的强风中心附近最大风速为每秒35米，但中心附近最大风速，超过每秒50米的台风也不鲜见。

生命史及其造成的灾害

热带气旋的生命史，可分为生成、成熟和消亡三个阶段。其生命期一般可达一周以上。有的热带气旋在外界环境有利的情况下，生命期可超过两周。当热带气旋登陆或北移到较高纬度的海域时，因失去了其赖以生存的高温高湿条件，会很快消亡。

热带气旋灾害是最严重的自然灾害，因其发生频率远高于地震灾害，故其累积损失也高于地震灾害。1991年4月底，在孟加拉国登陆的热带气旋，曾经夺去了13.9万人的生命。

我国是世界上受热带气旋危害最严重的国家之一，近年来，因其而造成的年平均损失在百亿元人民币以上。

台风特点：一是有季节性；二是台风中心登陆地点难准确预报；三是台风具有旋转性；四是损毁性严重；五是强台风发生常伴有大暴雨、大海潮、大海啸；六是强台风发生时，人力不可抗拒。

我还想知道

87

海底地震和火山爆发

遭遇海底地震事件

海底地震是地下岩石突然断裂而发生的急剧运动。岩石圈板块沿边界的相对运动和相互作用是导致海底地震的主要原因。海底地震是对航行在海上的人们又一大威胁。

1959年春，苏联客货轮"库鲁号"，在堪察加沿海海域航行，突然受到震动，好像有只大铁锤不停地敲打船底，每打一次，船身就剧烈地抖动一下，船上的舵轮、雷达全部失灵。海面上腾起无数水柱，周围一片白色的泡沫。

1964年3月21日，美国阿拉斯加地震发生时，前苏联"坚定号"救护船正在距安克雷奇市463千米的公海上。它在5分钟之内竟受到3次剧烈震动，就好像全速前进的船只，猛地撞上了礁石一般。

海底地震的危害

在海底地震中，船只损失的大小取决于地震的强度，也取决于船只与震中的距离。科学家认为，由海底传递到海面的地下震动，在震源地区感觉最明显，5级至6级的地震便可以毁坏船体，掀掉锅炉和发动机。对停留在港内的船只来说，最危险的则是海底地震造成的海啸。地壳急骤升降，迫使几千米长的水柱发生运动，在海水上层形成巨大而迅猛的波浪，当波浪涌进浅水海域时，浪头骤然增高，速度放慢，像一面墙一样倾倒在岸上。

遭遇海底火山事件

所谓海底火山，就是形成于浅海和大洋底部的各种火山。包括死火山和活火山。地球上的火山活动主要集中在板块边界处，而海底火山大多分布于大洋中脊与大洋边缘的岛弧处。板块内部有时也有一些火山活动，但数量非常少。海底火山爆发也常常给海上船只带来惨重的灾难。

1952年9月23日，日本东京南416.7千米的一座礁石附近，火

山爆发。首先来到这里的一艘日本海上防卫厅的考察船，发现海面上出现了一个新岛，海拔高度30米，直径150米。

几天之后，小岛却消失了，但火山口还在继续喷射，火山熔岩流入海里，蒸汽变成云彩升上天空。这时，东京渔业研究所的一艘水文考察船，又驶近火山爆发区，正当船上人员开始摄影、测定火山威力、选取当地水土样品时，第二次火山爆发，考察船当即被蒸汽和灰烬吞没了。火山喷射物散落以后，海面上再也不见船的踪影。直至过了很久，船的残骸才被找到。

世界火山概况

全世界的活火山有500多座，其中在海底的近70座。海底活火山主要分布在太平洋中脊和太平洋周边区域。我国陆地上的火山已经有较多记载，如雷琼火山群、长白山火山、藏北火山及大同火山群等。在我国海底，同样有火山存在。台湾自8600万年前

就开始有火山活动。断断续续的火山活动，在台湾岛的北端、东边和南部，留下不同时期喷发的火山。

解密海洋微地震现象

微地震的一个明显特点，是它常常伴随附近海洋风暴的出现而爆发。它所包含的波动频率，则恰好是它所伴随的风暴激起的波浪频率的两倍，这就是所谓的"信频现象"。

此外，人们还观察到，当风暴由大陆吹向海洋时，这种微地震常能持续很久；反之，当由海洋吹向大陆时，一旦风暴登陆，它就很快减弱以至消失。人们曾做过许多猜测，有人认为这是海浪冲击海岸的结果，也有人想用波浪起伏，施加在海底的压力发生变化来解释，但这些说法都不能解释前面说的信频现象。

科学家发现，两列相同频率沿着几乎相反方向行进的波浪相撞时，确能产生一种向水中各个方向辐射的微弱声波。它不是通常的驻波，也不随深度而衰减，而且它的频率很接近波浪频率的两倍。

计算结果还表明，由于风暴会在广阔的洋面上掀起波涛，其中含有许多相反方向的波动成分。由所有这些成分相互作用，所产生的合成声波的能量相当可观，足以激起微地震。

我还想知道

高尖石位于我国西沙群岛东部的东岛大环礁西缘。这个面积不足300平方米，呈4级阶梯状的小岛，实为海底火山的露头。在岩石鉴定中发现，在火山碎屑岩中夹有珊瑚和贝壳碎屑。

神秘恐怖的地震海啸

什么是地震海啸

在海底或大陆边缘发生的地震、火山爆发、岛弧地区的滑坡、沿岸地区山崩引起的海水剧烈波动，被人们称之为地震海啸。

地震海啸的波长很长，短者也有几十千米，最长的可达五六百千米，而且传播速度快。在水深三四千米的大洋中，每小时可传播几十千米，有时甚至达数百千米。

另外，地震海啸在大洋中传播时，一般波高在1米至2米，加之波长很长，所以不易被人察觉。但当它传至浅海地带或近岸时，波浪叠加，波峰隆起，有的高达20米左右，最高者可达40米。

此时，由于波浪能量不断集中，其巨大的破坏力是难以想象的。从实测得知，地震海啸对被冲击的海岸，每平方米的波压可达20吨至30吨。美国比斯开湾的一次大海啸，拍岸浪波压竟达每平方米90吨。

爆发方式

每当地震发生时，海底地壳的急剧升降，就会迫使有几千米深的海水水柱发生运动。同时在海水上层形成巨大而迅猛的波浪。当波浪涌进浅水海域时，浪头会骤然增高，放慢速度。似海中巨人立起身来，并像一扇墙似的倾倒在岸上。

随即，海啸波又夹带着它所吞噬的一切退却下去，然后再返回来。就这样一进一退，数次往返，犹如摧枯拉朽，一切障碍物都会被荡涤一空。

主要特征

海啸的特征之一是速度快，地震发生的地方海水越深，海啸速度越快。日本产业技术综合研究所活断层研究中心负责人佐竹健治说："海水越深，因海底变动涌动的水量越多，因而形成海啸之后在海面移动的速度也越快。"

"如果发生地震的地方水深为5000米，海啸就和喷气机速度差不多，每小时可达800千米。移动到水深10米的地方，时速放慢，变为40千米。由于前浪减速，后浪推过来发生重叠，因此海啸到岸边波浪升高。如果沿岸海底地形呈V字形，海啸掀起的海浪会更高。"

在遥远的海面移动时不为人注意，以迅猛的速度接近陆地，

达到海岸时突然形成巨大的水墙，这就是海啸。人们发现它时，再逃为时已晚。因此，有关专家告诫人们，一旦发生地震要马上离开海岸，到高处安全的地方。

造成危害

海啸由地震引起海底隆起和下陷所致。海底突然变形，致使从海底到海面的海水整体发生大的涌动，形成海啸袭击沿岸地区。由于海啸是海水整体移动，因而和通常的大浪相比破坏力要大得多。受台风和低气压的影响，海面会掀起巨浪，虽然有时高

达数米，但浪幅有限，由数米至数百米，因此冲击岸边的海水量也有限。而海啸就不同了，虽然海啸在遥远的海面只有数厘米至数米高，但由于海面隆起的范围大，有时海啸的宽幅达数百千米。这种

巨大的"水块"产生的破坏力，严重危害岸上的建筑物和人的生命。据日本秋田大学副教授松富英夫调查，印度洋大海啸在泰国沿岸，把一艘50吨重的船从海边推到岸上1200米远的地方。从有关数据来看，海啸高达2米，木制房屋会瞬间遭到破坏。海啸高达20米以上，钢筋水泥建筑物也难以招架。

可怕的海上水墙

1896年6月15日的傍晚，微风习习，天气晴好。日本本州岛三陆的沿海村镇，人们正聚集在广场上，载歌载舞地欢庆当地的一个节日。突然，大地发出"隆隆"的响声，剧烈地颤动起来，仿佛有一列装甲车从他们身旁经过。人们知道，这是远处什么地方发生了地震，并波及此处，但由于震动不太强烈，因而没有引起人们的足够注意，大家照旧唱歌跳舞。

不料20分钟后，奇怪的现象发生了。只见海水迅速退下去，许多从未露过面的海底礁石露了出来。紧接着，海里"轰轰"响了起来，由远及近，好似千军万马奔腾而至。海面上突然出现一道有30米高的水墙，呼啸着朝岸上的人们冲来。人们一个个目瞪口呆，面面相觑，不知所措。

"快跑啊，水墙压上来啦！"不知谁大喊一声，人们这才如梦初醒，惊慌地掉转头拼命奔跑起来。可是，人的两腿怎能跑得过这道水墙，顷刻，高高的水墙就以泰山压顶之势压了过来，很快就吞噬了岸上的一切。

次日，出海的渔民们返航回村，一路上看到海面上不断地漂浮着尸体、家具和衣物。他们心里犯嘀咕，预感到事情不好。后来，果然有人认出了自己的亲人，不禁大放悲声。

海啸在海洋的传播速度大约为每小时500米至1000千米，而相邻两个浪头的距离可能远达500米至650千米，它的这种波浪运动所卷起的海涛，波高可达数十米，并形成极具危害性的"水墙"。

我还想知道

源于海洋的诸多灾害

风暴潮

风暴潮是由台风、温带气旋、冷锋的强风作用和气压骤变等强烈的天气系统引起的海面异常升降现象，又称风暴增水或气象海啸。

风暴潮是一种重力长波，周期从数小时至数天不等，介于地震海啸和低频的海洋潮汐之间，振幅一般数米，最大可达两三千米。它是沿海地区的一种自然灾害，它与相伴的狂风巨浪可酿成更大灾害。通常把风暴潮分为：温带气旋引起的温带风暴潮和热带风暴引起的热带风暴潮两类。

海冰

海冰指海洋上一切的冰，包括咸水冰、河冰和冰山等。在冰情严重的区域或异常严寒的冬季，往往出现严重的冰封现象，使沿海港口和航道封冻，给沿海经济及人民生命财产安全造成危害。大陆冰川滑入海中后断裂而成的巨大冰块中，露出海面的高度在5米以上者称为冰山。1912年4月14日午夜，"泰坦尼克号"邮轮就是在北大西洋首航中撞上这种冰山而沉没的。

赤潮

赤潮是指海洋浮游生物在一定条件下暴发性繁殖，引起海水变色的现象，它也是一种海洋污染现象。赤潮大多数发生在内海、河口、港湾或有升流的水域，尤其是暖流内湾水域。

赤潮的颜色是由形成赤潮的优势和浮游生物种类的色素决定的。如夜光藻形成的赤潮呈红色，而绿色鞭毛藻大量繁殖时却呈绿色，硅藻往往呈褐色。赤潮实际上是各种色潮的统称。赤潮可杀死海洋动物，危害甚大。

海啸

海啸是由水下地震、火山爆发或水下塌陷和滑坡所激起的巨浪。破坏性地震海啸发生的条件是：在地震构造运动中出现垂直运动；震源深度小于20千米至50千米；震级要大于6.5级，而没有海底变形的地震冲击或海底弹性震动，可引起较弱的海啸。水下核爆炸也能产生人造海啸。海啸对沿海地区的人、畜、树木、房屋建筑、港湾都会造成极大危害。

> 海洋灾害主要有风暴潮、灾害海浪、海冰、赤潮和海啸五种。它们主要威胁海上及海岸带，有些还危及自岸向内陆广大纵深地区的城乡经济及人民生命财产的安全。

我还想知道

海底最深的地方

海沟

我们形容很深的地方，常用万丈深渊或是海底深渊之类的词。深渊似乎成了地球上的无底洞。然而，地质学家在研究海洋地质的时候，把洋底那些狭长的凹陷处，叫海沟或海渊。

实际上，用海底深渊来描述洋底的这种奇异构造是再准确不过的。海沟是海底最壮观的地貌之一。它是大洋底部两壁陡峭比相邻海底深2000米以上的狭长凹陷。海沟大都分布在大洋边缘，而且大多数与大陆边缘平行。

对于海沟的定义，目前，海洋学界仍有不同的说法。有的科学家认为，凡是水深超过6000米的长形洼地，都叫海沟。有的科学家则认为，海沟的真正含义，应该是指那些与火山弧相伴生的边缘海沟。

一般说来，海沟的形状多呈弧形或直线，长500米至4500千米，宽40千米至120千米，水深多为6000米至11000米。海沟有不对称的V形横剖面，沟坡上部较缓，而下部则较陡，平均坡度为5度至7度。偶然也会有45度那么大的坡度。比如太平洋中的汤如海沟。在海沟的斜坡上，有峡谷、台阶、堤坝和洼地等小地形。

最深的海底分布

世界海洋的平均深度不到4000米，而全球19条海沟的水深却都在7000米以上，是名副其实的海底深渊。

其实海底最深的地方，并不像某些人所想象的是在大洋的中央。恰恰相反，19条海沟几乎都处在大洋的边缘。而且，绝大多数海沟环绕在太平洋的周围地带。海沟或者与大洋边缘的群岛配对，或者与大陆边缘的海岸山脉相伴。海底地壳在海沟底并不是直着身子被拖进地球的内部，而是倾斜地插入旁边的群岛或大陆底下。

海沟为什么这样深

现在我们可以明白，海沟之所以这样深，就是因为海底向下弯曲，沉潜到相邻大陆或群岛之下的缘故。这情景很像水面上的冰块，一个冰块斜插到另一冰块之下，两个冰块相互重叠起来。在海沟附近，大陆地块骑跨在海底地块之上，陆块向上

仰冲，被高高地抬起来；海底则向下俯冲，深深地下陷。

相关事件

1923年9月某日中午，邻近日本海沟的东京、横滨一带，大地突然颤抖起来，在几秒钟以内房屋纷纷倒塌。当时多数人家正在做午餐，火炉翻倒，许多地方腾起了熊熊大火。歇斯底里的人群争先恐后，一片混乱。在这场

著名的关东大地震以及由它导致的大火中，伤亡人数达24万。

现在，地质学家们已知道，太平洋周缘火山、地震的肇事者，就是海底地壳沿着海沟的俯冲作用。在海底地壳和大陆地壳相互冲撞的海沟邻近地带，有史以来地震灾害大约夺走了几百万人的生命。

深海里有生命存在吗

1977年2月，"阿尔文号"轮船在东太平洋加拉帕戈斯群岛附近，几千米深的海下热泉处发现这个终年黑暗没有阳光的世界，其实是一个繁衍生命的沃土。在这里生活着许多蛤、贝、白

蚌、蟹和红冠蠕虫等动物，但其形状却与阳光世界里的有很大区别。

比如深海里的红冠蠕虫，最长的达两三米。它用白色外套管把自己固定在岩石上，保护着自己的柔软身体。它没有嘴，没有眼睛，也没有消化系统，就靠着伸出套管顶端的身体，过滤海水中的食物。它的血液里充满了富含铁质的血红蛋白，因此显得格外红。

有人曾对这些深海生命的生存条件进行过分析，认为海水经盐变成硫化氢，有些细菌就靠着硫化氢进行代谢，靠吸收温泉热能而得以繁殖。一些小动物则靠过滤这些细菌生存，大的动物又以小的动物为食物。就这样，在没有阳光的深海世界里，形成了一条独特的食物链，由此而维持了一系列生命的生存。

在万米深的海沟中，也有数量不少的海洋动物，据专家估计，约有370余种。这些动物，在一个相对稳定的海洋环境中生活，主要食物是一些海洋动物的尸体被分解的物质。近些年来，人们在洋中脊的深谷中，或在海底火山附近的热泉海域，也发现许多海洋动物，例如蠕虫、甲壳类、蛤、海参等。令人不解的是，在海沟深处发现的这些动物个体，比其他深海动物要大许多。

我还想知道

马里亚纳海沟是地球上最深的地方，位于北太平洋西部马里亚纳群岛以东，为一条洋底弧形洼地，延伸2550千米，平均宽69千米。沟底部有较小陡壁谷地。这条海沟的形成据估计已有6000万年。

海洋中恐怖的奇怪现象

奥克兰岛的神秘海洞

1886年5月4日，"格兰特将军号"轮船在船长的指挥下，朝着奥克兰岛缓缓驶去。到了半夜的时候，"格兰特将军号"的船长命令舵手把船的速度放得更慢。整个海面上显得特别安静，只有船桅上的绳索发出一阵阵轻轻的声响。

此时，"格兰特将军号"准备改变航行绕过奥克兰岛，继续前进。殊不知，船已陷入强流当中，他们的处境特别的危险。

如果再不改变航向，就会撞到奥克兰岛上。虽几经努力，但最终还是撞到了奥兰克岛的石壁上，船舵"咔嚓"一声就被折断了。这时候，"格兰特将军号"上的旅客们，正在安稳地睡着觉，被这突如其来的声响一下惊醒了。

他们一个个睡眼惺忪，穿着睡衣就急急忙忙跑到了甲板上。只见"格兰特将军号"正在强烈的海流当中，"滴溜滴溜"不停地打着转儿。忽然，又冲过来一股海流，冲击着船转了一个大圈以后，就朝着岛屿的另一处石壁撞了过去。

更可怕的是，人们发现那个石壁上，隐隐约约出现了一个黑乎乎的大海洞。那个大海洞正在张着黑乎乎的大嘴，好像要把整个"格兰特将军号"吞进去。

水手们看到那个黑乎乎的大海洞，虽然吓得两条腿一个劲儿地发软，可他们毕竟是水手，还在作着最后的努力，来挽救"格

兰特将军号", 挽救船上的旅客们, 也在挽救他们自己。

海流还在猛烈地冲击着"格兰特将军号", "格兰特将军号"最后身不由己地被冲进那个巨大的黑洞当中。

前桅杆"咔嚓"一声撞到了石壁上, 折成了两截儿, 又"轰隆"一声倒了下来, "啪"的一下砸在甲板上。

船长和旅客们感到好像是天塌地陷了一样的恐怖。接着, 人们什么也听不见了, 耳朵里只有那汹涌海水的吼叫声, 吓得浑身哆嗦, 乱成一团。他们再往周围一看, 黑茫茫一片, 什么也看不见, 只能坐在杂乱的甲板上等待着天亮。几个小时以后, 黎明的曙光终于露出来, 天终于亮了。"格兰特将军号"的船底, 已被冲撞出了一个大窟窿, 开始慢慢下沉。船上的旅客们看到这种情景, 吓得不知所措, 那些身体强壮的男人, 纷纷跳进海里逃生。可是, 那个黑乎乎的大海洞, 好像有一股巨大的吸引力一

样，一下就把那些人吸进了海洞里。只有4个人侥幸逃到洞外的救生船上。船长及其他人都随"格兰特将军号"的下沉而失去了踪影。

船只的神秘失踪

1890年3月26日，那个从大海洞里死里逃生的旅客大卫·阿斯提斯也带着一艘叫作"达芬号"的船，到了奥克兰群岛；他们想要去找曾经被海洞吸进去的"格兰特将军号"以及上面所载的黄金。不过，他们从此就一去不复返。其他到奥克兰群岛那个大海洞寻找黄金的探险队的船只，也都一艘艘地不明原因失踪了。这又是一个难解的谜，至今也没有人能说清楚，这到底是怎么回事。

恐怖的好望角

在非洲的最南端阿扎尼亚的境内，有一个名叫好望角的岬角。好望角是一个风暴之角，每年365天，至少有100多天风急浪高。最平静的日子里，海浪也有2米高，有时浪高6米以上，还有时甚至高达15米。因此好望角附近经常发生海难事故，被称作是航海之人的"鬼门关"。好望角频繁海难事故的发生，致使许多科学家来到好望角，调查研究这里风急浪高的原因。经过一段时

间的工作，科学家认为有两种原因：

好望角附近海域风浪大，是由于西风造成的。好望角位于亚洲大陆的西南端，它像一个箭头一样突入大西洋和印度洋的汇合处。因为好望角恰恰位于西风带上，所以当地经常刮11级以上的大风，大风激起了巨浪，经过的船只就处在危险之中了。那不刮西风时，为何还是海浪滔天呢？

海流说，这是美国的一位科学家提出的。他分析了多起在好望角附近海域发生的海难事件。他发现每次发生事故时，海浪总是从西南扑向东北方，而遇难船只的行驶方向是从东北向西南。也就是说，船行的方向正好和海浪袭来的方向相反，船是顶浪行驶的。科学家还实地调查发现，海底的海流推动船只顶着海浪前进。几股力量的共同作用，就造成船毁人亡的结果。到底是怎么回事？没有答案。

飓风眼中的幸存者

1980年8月5日，一艘载货的双桅船"普林西号"，从美国佛罗里达州的基韦斯特港出发，在大西洋中向牙买加岛航行。

货船向东南方向行驶3天以后，在西非洋面上发展起来的"艾伦"飓风，竟一反挺进南美洲东北沿岸的惯常

路径，直冲西北方向的墨西哥湾而来，这真是天有不测风云！船长巴里经验丰富，他深知问题的严重性，命令大家严守岗位，见机行事。

晚上21时，风速达到每秒56米，500多吨重的货船一会儿被推到三层楼那么高的浪尖上，一会儿被重重地摔到谷底。将近一个小时，他们身不由己地在海中"飞翔"。

到了22时，船体已遭到严重损坏，眼看就要下沉。巴里船长只好决定弃船。同船4人将自己分别捆在两块木制的大舱盖上，跃进了大海，悲伤地看着心爱的船只不断地下沉，他们自己也在真切地体验着死亡的威胁。

奇迹的发生

正在千钧一发之际，突然间奇迹发生了：风不再呼啸，巨浪变得摇篮般地荡漾，阴云迅即散去，星星在欢快地眨着眼，一轮弯月挂在空中。辽阔的洋面上，仅仅10多分钟的时间，前后竟神话般地判若两个世界。原来，他们正处在飓风的中心"飓风眼"中。就在这时，突然一束探照灯光划破了四周的黑暗，4个濒临死亡的人面前出现一艘巨轮，这是被飓风吹离航线的挪威船"吉

斯特娜号"。巴里船长和他的伙伴们得救了！

鱼雷为何不沉

鱼雷本身没有多大能源，航程一般都不会达到40千米。即使是最新式的鱼雷，航程也只有40千米。

如果没有击中目标，鱼雷在跑完自己的航程以后，就会沉到海底或者自行爆炸。

有趣的是在世界海战史上有一枚鱼雷，发射出去以后没有击中目标，却没有沉到海底，也没有自行爆炸，而是在茫茫大海上航行了50多年。这枚鱼雷是英国舰队为突破德国舰队的封锁而发射的。

英国舰队发射的那枚"死神号"鱼雷，并没有击中德国的战舰，而是神秘地飘入了大海。从那以后，它在大西洋海域里时隐时现。

后来，两艘美国军舰在坦帕海湾堵住了"死神号"鱼雷，打算用反鱼雷装置把它击毁。由于海面上狂风大作，雷雨交加，美国军舰虽然经过努力，最后还是让它逃出了包围圈，继续在大洋中到处游荡。20世纪60年代的时候，"死神号"鱼雷第二次"周游"世界各大洋，然后转向了内海，出入各个港湾。

"死神号"鱼雷自从1916年开始，在世界各大洋飘荡了半个多世纪，奇怪的是，它没有维修，又没有补给，怎么能够游荡这么长时间？它还要到什么时候才会停留下来呢？这些问题还是一个谜。

我还想知道

海底古磁性条带

居里点

19世纪末，著名物理学家居里在自己的实验室里，发现磁石的一个物理特性，就是当磁石加热到一定温度时，原来的磁性就会消失。后来，人们把这个温度叫"居里点"。在地球上，岩石在成岩过程中受到地磁场的磁化作用，获得微弱磁性，并且被磁化的岩石的磁场与地磁场是一致的。

这就是说，无论地磁场怎样改换方向，只要它的温度不高于"居里点"，岩石的磁性是不会改变的。根据这个道理，只要测出岩石的磁性，自然能推测出当时的地磁方向。这就是在地学研究中人们常说

的化石磁性。在此基础之上，科学家利用化石磁性的原理，研究地球演化历史的地磁场变化规律，这就是古地磁说。

第二次世界大战之后，科学家使用高灵敏度的磁力探测仪，在大西洋洋中脊上的海面进行古地磁调查。调查的资料使人们惊奇地发现，在大洋底部存在着等磁力线条带，而且呈南北向平行于大洋洋中脊中轴线的两侧，磁性正负相间。每条磁力线条带长约数百千米，宽度在数十千米至上百千米之间不等。海底磁性条带的发现，成为20世纪地学研究的一大奇迹。

相关研究发现

1963年，英国剑桥大学的一位年轻学者瓦因和他的老师马修斯提出，如果"海底扩张"曾经发生过，那么，大洋中脊上涌的熔岩，当它凝固后应当保留当时地球磁场的磁化方向。

就是说在洋脊两侧的海底，应该有磁化情况相同的磁性条带存在。当地球磁场发生反转时，磁性条带的极性也应该发生反转，磁性条带的宽度，可以作为两次反转时间的度量标准。

这个大胆的假说，很快被证实了，人们在太平洋、大西洋、印度洋都找到了同样对称的磁性条带。不仅如此，科学家还计算出在7600万年中，地球曾发生过171次反转现象。

研究发现，地球磁场两次反转之间的时间，最长周期约为300万年，最短的周期约为5万年，两次反转的平均周期约为42万年至48万年。目前，地球的磁场方向保留70万年了。

难解的奥秘

海洋是从哪里来的？海色和水色有什么不同？世界四大洋有什么不同？这些难解的奥秘时时牵动着人类的神经，考验着人类的智力，吸引着人们为之付出不懈的努力。

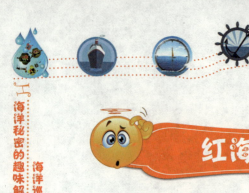

红海扩张之谜

红海

红海是印度洋的一个内陆海。它像印度洋的一条巨大的臂膀，深深地插入非洲东北部和阿拉伯半岛之间。

在红海表层海水中繁殖着一种海藻，叫做蓝绿藻。这种浮游生物死亡以后，尸体就由蓝绿色变成红褐色。大量的死亡藻漂浮在海面上，久而久之，海面就像披上一件红色外衣。

同时，红海东西两侧狭窄的浅海中，有不少红色的珊瑚礁。两岸的山岩也是赭红色的，它们的衬托和辉映，使海水越发呈现出红褐的颜色。加上附近沙漠广布，热风习习，红色的沙粒经常弥漫天空，掉入海水中把红海"染"得更红了。红褐色的海水，使它赢得了"红海"的美称。

红海的含盐度

红海是世界上盐度最高的海域，盐度在3.6‰至3.8‰之间。红海含盐量高的主要原因是这里地处亚热带、热带，气温高，海水蒸发量大，而且降水较小，年平均降水量还不到200毫米。

红海两岸没有大河流入，在通往大洋的水路上，有石林及水下岩岭，大洋里稍淡的海水难以进来，红海中较咸的海水也难以流出去。

科学家还在海底深处发现了好几处大面积的热洞。大量岩浆沿着地壳的裂隙涌到海底，岩浆加热了周围的岩石和海水，出现了深层海水的水温比表层还高的奇特现象。热气腾腾的深层海水泛到海面加速了蒸发，使盐的浓度越来越高。因此，红海的海水就比其他地方的海水咸多了。

红海之谜

1978年11月14日，北美的阿尔杜卡巴火山突然喷发，浓烟滚滚，溢出了大量熔岩。一个星期以后，人们经过测量发现，遥遥相对的阿拉伯半岛与非洲大陆之间的距离增加了1米，也就是说，红海在7天中又扩大了1米。

红海是个奇特的海。它不仅在缓慢地扩张着，而且有几处水温特别高，达50多度；红海海底又蕴藏着特别丰富的高品位金属矿床。这些现象长期以来没有得到科学的解释，被称为红海之谜。红海之谜在20世纪60年代才见端倪。

海洋地质学家解释说，红海之谜在于海底有着一系列热洞。正是热洞中不断涌出的地幔物质加热了海水，生成了矿藏，推挤洋底不断向两边扩张。1974年，法美开始联合执行大洋中部水下研究计划。计划的第一个目标就是到类似红海海底的大西洋中脊裂谷带。

乘坐深潜器的科学家们沿着大洋中脊移向裂谷，在喷吐炽热

岩浆的热洞旁，亲眼看到了裂谷正在缓慢张裂的情景。热洞周围的水温特别高，美国地质学家巴尔特把潜水器温度探测计放在热洞附近的热水喷泉中，温度计因超量程而熔化了。

事后确认水温达1000℃左右。岩浆喷出之后，遇到冰冷的海水就迅速凝结，形成鳞茎状的桃形玄武岩块，而热洞附近喷出的岩浆，在过热的海水中涡动、盘旋，缓慢地冷却，形成了特殊的海底熔岩糊。

红海会变成新大洋吗

红海是世界上最热、海水含盐度最高的海域。当然，也是充满神奇色彩的海域。科学家们预言，红海将可能变成未来的大洋。加拿大著名地质学家根据上述迹象预言，在若干万年之后，一个新大洋有可能在红海地区出现。新大洋有可能把完整的非洲大陆分裂为东西两部分。

19世纪末，英国地质学家格雷戈里也曾有过类似的预言，并

且形象地描述了非洲东非大断裂的情景。东非大断裂不断扩大，并且北部狭长的断裂带已经形成为红海。现代研究结果证明，大洋的形成是中央海岭裂谷活动的结果。而东非大裂谷的红海、亚丁湾，为全球大洋中的巨型裂谷"中央海岭"的一个分支，因而将来完全有可能扩展为新的海洋。不过，许多人对此还持

怀疑态度。大的裂谷在某种动力的作用下，有可能扩展成为海洋，但是，未必都如此。

再一个问题是红海或者东非大裂谷，不断扩宽的内应力是什么呢？对于这一点，学者们的看法完全不同。一些学者认为，炽热软流圈物质的上涌是大陆分裂的基本动力。

但是，另一些学者提出了完全相反的看法。他们认为，大陆的分裂是岩石圈板块相互作用所产生的应力，造成某一板块破裂所致。软流圈上涌是岩石圈相互作用的结果，不是起因。

我还想知道

　　影响海洋水颜色的两个主要因素是透明度与水色。别的因素也能决定某一海区的海水颜色，例如，海底生物、水质、环境等都能对海水的颜色产生影响。著名的红、黄、黑、白四大海就是如此。

解密海和洋的差别

洋

　　洋指海洋的中心部分，是海洋的主体，面积广大，约占海洋总面积的89%。它深度大，其中4000米至6000米之间的大洋面积，约占全部大洋面积的近3/5。大洋的水温和盐度比较稳定，受大陆的影响较小，又有独立的潮汐系统和完整的洋流系统，海水多呈蓝色，并且水体的透明度较大。

　　世界的大洋是广阔连续的水域，通常分为太平洋、大西洋、印度洋和北冰洋。有的海洋学者还把太平洋、大西洋和印度洋最南部的连通的水体，单独划分出来，称为南大洋。

海

海是大洋的边缘部分，约占海洋总面积的11%。它的面积小，深度浅，水色低，透明度小，受大陆的影响较大，水文要素的季度变化比较明显，没有独立的海洋系统，潮汐常受大陆支配，但潮差一般比大洋显著。

海按其所处的位置和其他地理特征，可以分为三种类型，即陆缘海、内陆海和陆间海。

濒临大陆，以半岛或岛屿为界与大洋相邻的海，称为陆缘海，也叫边缘海，如亚洲东部的日本海、黄海、东海、南海等；伸入大陆内部，有狭窄水道同大洋或边缘海相通的海，称为内陆海，有时也直接叫作内海。如渤海、濑户内海、波罗的海、黑海等。介于两个或三个大陆之间，深度较大，有海峡与邻近海区或大洋相通的海，称为陆间海，或叫地中海。如地中海、加勒

比海等。

此外，根据不同的分类方法，海还可以分成许多类型。例如，按海水温度的高低，可以分为冷水海和暖水海；按海的形成原因可以分为陆架海、残迹海等。

四大洋的附属海很多，据统计共有54个海。太平洋西南部的珊瑚海，面积广达479万平方千米，是世界上最大的海。介于地中海和黑海之间的马尔马拉海，面积仅1.1万平方千米，是世界上最小的海。

海湾

海湾是海或洋伸入陆地的一部分，通常三面被陆地包围，并且深度逐渐变浅和宽度逐渐变窄的水域。例如，闻名世界的"石油宝库"波斯湾，仅以狭窄的霍尔木兹海峡与阿曼湾相通。不过，海与湾有时也没有严格的区别，比斯开湾、孟加拉湾、几内亚湾、墨西哥湾、大澳大利亚湾等，实际都是陆缘海或内陆海。

海峡

　　海峡是两端连接海洋的狭窄水道。它们有的分布在大陆或大陆之间，有的则分布在大陆与岛屿或岛屿与岛屿之间。全世界共有海峡1000多个，其中适于航行的约有130个，而经常用于国际航行的主要海峡有40多个。

　　例如，介于欧洲大陆与大不列颠岛之间的英吉利海峡和多佛尔海峡、沟通太平洋与印度洋的马六甲海峡、被称为波斯湾油库"阀门"的霍尔木兹海峡、我国东部的"海上走廊"台湾海峡、沟通南大西洋和南太平洋的航道麦哲伦海峡，以及作为地中海"门槛"的直布罗陀海峡等。

　　　海洋是地球表面除陆地水以外的水体的总称，人们习惯上称它为海洋。其实，海和洋就地理位置和自然条件来说，它们是海洋大家庭中的不同成员。

我还想知道

119

海流的发现和探索

海流

海洋中的海水，按一定方向有规律的从一个海区向另一个海区流动，人们把海水的这种运动称为洋流，也叫作海流。海流比陆地上的河流规模大，一般长达数千米，比长江、黄河还要长，宽度则相当于长江最宽处的几十倍甚至几百倍。

河流两岸是陆地，河水与河岸界限分明，一目了然；而海流在茫茫大海中，海流的"两岸"依然是滔滔的海水，界限不清，难以辨认。海洋中的这种海流，曾经协助过许多航海者。哥伦布的船队就是随着大西洋的北赤道暖流西行，发现了新大陆；麦哲伦环球航行时，穿过麦哲伦海峡后，也是沿着秘鲁寒流北上，再随

着太平洋的南赤道暖流西行，横渡了辽阔的太平洋。

海流没有被发现的原因

1856年，一名水手在海滩的沙层中，发现了一颗黑色的涂满了沥青的椰子球，劈开后里面是一封羊皮纸信，是1498年意大利航海家哥伦布在第二次西航途中给西班牙国王和王后的一封信。那么，它是如何漂到这里来的呢？其实，它是海洋中的"河流"即海流带来的。

长期与海洋打交道的海员和渔民，都知道海洋中有海流存在。它们像陆地上的河流，日复一日沿着比较固定的路线流动着。只是河流两岸是陆地，河岸就像是固定的目标可作比照，一望就知道河流是在流动着。海流两边仍然是海水，肉眼很难把它分辨出来，因而在很长一段时间里，海流没有被人们发现。

关于海流的观测

人们为了认识海流，从18世纪末期起便开始利用一种叫漂流瓶的东西进行对海流的观测。在这种漂流瓶里装有一封信，信上写了该瓶的投放者、投放的时间和地点

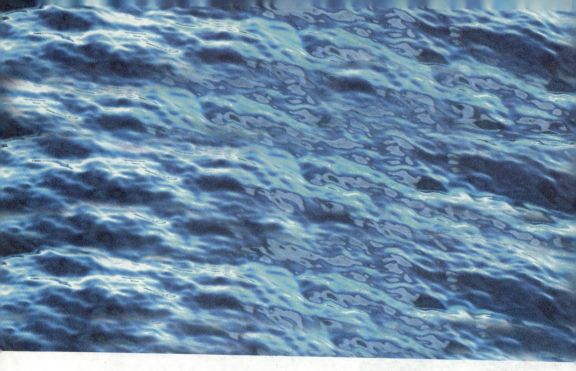

等，并要求拾到者向投放者报告拾到的时间和地点。

100多年来，人们总共投放了约15万个漂流瓶，进行着海流的观测研究，从而知道了整个海洋中约有32条海流，其中最大的海流，宽数百千米，长上万千米，规模非常巨大。

它们把热带高温的海水带向寒带水域，又把寒带海域的冷水带向热带。就在它们运动中不断影响着沿途的气候。船员们也就利用这种海流流动的规律送信件、递情报。

海流成因

第一是海面上的风力驱动，形成风生海流。由于海水运动中黏滞性对动量的消耗，这种流动随深度的增大而减弱，直至小到可以忽略，其所涉及的深度通常只为几百米，相对于几千米深的大洋而言是一薄层。海流形成的第二种原因是海水的温盐变化。因为海水密度的分布与变化直接受温度、盐度的支配，而密度的分布又决定了海洋压力场的结构。

实际海洋中的等压面往往是倾斜的，即等压面与等势面并不一致，这就在水平方向上产生了一种引起海水流动的力，从而导致了海流的形成。另外海面上的增密效应，又可直接地引起海水在铅直方向上的运动。海流形成之后，由于海水的连续性，在海水产生辐散或辐聚的地方，将导致升、降流的形成。

风海流是风玩的把戏吗

如果风总是朝着一个方向吹，那么会怎样呢？风在海洋表面吹过时，风对海面的摩擦力，以及风对波浪迎风面施加的风压，迫使海水顺着风的方向，在浩瀚的海洋里作长距离的远征，这样形成的洋流称为风海流。

风海流受地球自转偏向力的影响，表面海水的流动方向与风向发生偏离。北半球表面海流的流向，偏往风向的右方；而南半球则偏向左方，即北半球向右偏，南半球向左偏。

表面海水的流动，由摩擦力带动了下层海水也发生流动；由于自上而下的层层牵引，深层海水也可以流动。只是流速受摩擦力的影响越来越小。到达某一深度时，流速只有表面流速的4.3%左右。这个深度就是风海流向深层水域影响的下限，称为风海流的摩擦深度，大洋中一般在200米至300米深处。

海流规模比起陆地上的巨江大川则要大出成千上万倍。海水流动可以推动涡轮机发电，为人们输送源源不断的绿色能源。我国的海流能源也很丰富，沿海海流的理论平均功率为1.4亿千瓦。

海流的功与过

海流对气候的影响

海流对气候的影响很大，它不仅使沿途气温增高或降低，延长或缩短暖季或寒季的持续时间，而且能够影响降水量的多少和季节的分配。

北太平洋西部的黑潮暖流，尽管没有贴近亚洲大陆边缘流动，但对我国的气候却有明显的影响，有这样几件事引人深思：

1953年，黑潮的平均位置向南移动了大约170千米；第二年，我国的江淮地区雨水滂沱，出现了百年未见的水灾；

1957年和1958年，黑潮的平均位置又较之往年北移了。结果1958年，我国的长江流域梅雨减少发生旱灾，而华北地区大雨倾

盆形成水灾。

有些科学工作者研究了黑潮变动与旱涝灾害的相互关系，发现我国东部沿海地区的气候，受黑潮暖流的影响很大。

海流对海洋生物的影响

在寒、暖流交汇的海区，海水受到扰动，可把下层丰富的营养盐类带到表层，使浮游生物大量繁殖，各种鱼类到此觅食。同时，两种海流汇合可以形成"潮峰"，是鱼类游动的障壁，鱼群集中，形成渔场。在有明显上升流的海域，也能形成渔场。

此外，海流的散播作用，是对海洋最直接和最重要的影响，它能散布生物的孢子、卵、幼体和许多成长了的个体，从而影响海洋生物的地理分布。

海流对海洋交通业的影响

一般顺着海流航行的海轮，要比逆着海流行进的海轮速度明显加快。例如，1492年，哥伦布第一次横渡大西洋到美洲，用了37天才到达大洋彼岸。

1493年，哥伦布再次做环球旅行，从欧洲出发后，他先向南航行了10个纬度，然后再向西横渡大西洋。结果，只用了20天就完成了横渡的全部航程，其实是海流帮了他的大忙。

原来，第一次航行时，哥伦布的船队是从加那利群岛出发，逆着北大西洋暖流航行的，所以，航速较慢。

第二次航行时，先是顺着加那利寒流向南航行，然后又顺着北赤道海流一直向西。同时，哥伦布船队远航时，正好偶然进入了盛行的东北信风带，顺水顺风，速度自然比较快。

例如，北大西洋西北部，从加拿大北极群岛与格陵兰岛附近海域，南下汇聚成的拉布拉多寒流，在纽芬兰岛东南海域同墨西哥湾暖流相遇。冷暖海水交汇，使这里经常存在一条茫茫的海雾带。它还从北冰洋或格陵兰海，每年带来数百座高大的冰山漂浮而下，有许多进入湾流或北大西洋暖流中，给海上航行带来严重的威胁。

世界第一大海洋暖流

湾流不是一股普通的海流，而是世界上第一大海洋暖流，也称墨西哥湾流。墨西哥湾流虽然有一部分来自墨西哥湾，但它的绝大部分来自加勒比海。

当南、北赤道流在大西洋西部汇合之后，便进入加勒比海，通过尤卡坦海峡，其中的一小部分进入墨西哥湾，再沿墨西哥湾海岸流动，海流的绝大部分是急转向东流去，从美国佛罗里达海峡进入大西洋。这股进入大西洋的湾流起先向北，然后很快向东北方向流去，横跨大西洋，流向西北欧的外海，一直流进寒冷的北冰洋。它的厚度为200米至500米，流速每秒2.05米，输送水量是黑潮的1.5倍。

湾流蕴含着巨大的热量，所散发的热量，恐怕比全世界一年所用燃煤产生的热量还要多。由于它的到来，英吉利海峡两岸的土地每年享受着湾流带来的巨大热能。如果拿同纬度的加拿大东岸加以对照，差别更为明显：大西洋彼岸的加拿大东部地区，年平均气温可低至零下10度，而同纬度的西北欧地区可高至10度。

湾流与黑潮相比，无论在水量、热量和盐量输送等方面，都

大于黑潮。此外，就对于邻近大陆气候的影响来说，湾流也比黑潮来得显著。

据估计，湾流每年向西北欧每千米海岸输送的热量，约相当于燃烧6000万吨煤炭所放出的热量。事实上，在湾流及其延续体北大西洋暖流流经的海区，气温和水汽含量均较周围海区高得多。暖湿空气在强劲的西风吹送下，可以到达西北欧大陆内部，这对形成西北欧暖湿的海洋性气候有重要的作用。

因此，西北欧大陆上生长着苍翠的混交林和针叶林，而在同纬度的格陵兰岛上，则大部分是终年严寒并为巨厚冰层覆盖的冰原区。湾流弯曲的形成、断开以及涡旋与主流的相互作用，是一种复杂的海洋动力学过程。有关这类现象的研究，已成为当前海洋动力学研究中最活跃的课题之一。关于湾流弯曲和涡旋的研究，不仅具有深刻的理论意义，而且对于海况监测和预

报，以及渔业和沿岸水的污染物排放等实际问题，也有重要的意义。例如，观测发现，沿美国北卡罗莱纳州至佐治亚州海岸移动的湾流涡旋，会引起海水强烈垂直混合。大量的营养盐类会被带到陆架水中，并使陆架水的温度降低。由涡旋带来的水量，要比当地每年的入海河川径流量约大10倍。

1911年，美国国会展开了一场激烈辩论。内容既不是军备预算，也不是总统候选人名单，而是一件关于抢夺海流的提案。议员们为什么要抢夺海流呢？他们要抢夺的不是一股普通的海流，而是世界上第一大海洋暖流湾流。

日本科学家崎宇三郎也富有想象力地提出建议：填平深20千米，宽10千米的鞑靼海峡，以阻挡来自鄂霍次克海的寒流南下，提高日本海域的海水温度，使日本北海道和东北地区气候转暖。改造海洋暖流使气候变暖至今仍是纸上谈兵，能否可行并付诸实施，还得看今后科学技术的发展。

解读海洋暖流和寒流黑潮

太平洋纵贯南北半球，是世界上面积最大的大洋，在赤道至南北纬40度至50度的范围内，南北各有一个大洋环流。

北太平洋的北赤道洋流，长达1.4万千米，宽数百千米，平均每天流动距离约35千米。北赤道洋流大致从中美洲西部海域开始，向东向西流动，至菲律宾群岛，主流沿群岛东侧北上形成黑潮。黑潮是北赤道洋流的延续，温度高，盐度大，水色呈现蓝黑色，透明度大，是世界上仅次于湾流的第二大暖流。

亲潮发源于白令海峡，沿堪察加半岛海岸和千岛群岛南下，又称为千岛寒流。亲潮比黑潮规模小，流至北纬30度至40度附近海区，与黑潮汇合，折向东流，并与阿拉斯加暖流共同组成反时针方向流动的副极地环流。

秘鲁寒流从南纬45度左右的西风流开始，经智利、秘鲁、厄瓜多尔等国沿海北上，直达赤道海域的加拉帕戈斯群岛附近，流程长达4500多千米，是世界大洋中行程最长的一支寒流。它的平均宽度在智利海岸附近为180多千米，秘鲁沿海为450多千米，流速每昼夜约11千米，水温在15℃～19℃之间，比邻近海区的水温低7℃～10℃，是世界著名的寒流之一。

黑潮是世界海洋中第二大暖流。只因海水看似蓝若靛青，所以被称为黑潮。其实，它的本色清白如常。由于海的深沉，水分子对折光的散射，以及藻类等水生物的作用等，外观上好似披上黑色的衣裳。

我还想知道

海洋的呼吸潮汐

潮汐的解释

世界上大多数地方的海水，每天都有两次涨落。白天海水上涨，叫作潮，晚上海水上涨，叫作汐。海水为什么会时涨时落呢？这个问题从古代起，就引起了人们的注意。直至英国物理学家牛顿发现了万有引力，揭穿潮汐的秘密才有了科学依据。

月亮引潮力

现在人们弄清了，潮汐现象主要是由月球的引潮力引起的。这个引潮力是月球对地面的引力，加上地球、月球转动时的惯性离心力所形成的合力。

月亮像个巨大的磁盘，吸引着地球上的海水，把海水引向自己。同时，由于地球也在不停地做圆的运动，海水又受到离心力的作用。一天之内，地球任何一个地方都有一次对着月球，一次背着月球。对着月球地方的海水就鼓起来，形成涨潮。与此同时，地球的某个另一点上的惯性离心力也最大，海水也要上涨。所以，地球上绝大部分地方的海水，每天总有两次涨潮和落潮，这种潮称为"半日潮"。而有一些地方，由于地区性原因，在一天内只有一次潮起潮落，这种潮称为"全日潮"。

太阳引潮力

不光月亮对地球产生引潮力，太阳也具有引潮力，只不过比月球的要小得多，只有月球引潮力的5/11。但当它和月球引力叠

加在一起的时候，就能推波助澜，使潮水涨得更高。每月农历初一时，月亮和太阳转到同一个方向，两个星球在同一个方向吸引海水。而每月农历十五，月亮和太阳转到相反的方向，月亮的明亮部分对着地球，一轮明月高空挂。这时，两个星球在两头吸引海水，海潮涨落也比平时大。我国人民把初一叫作朔，把十五叫望，因此这两天产生的潮汐就叫作"朔望大潮"。

军事应用

1661年4月21日，郑成功率领2.5万将士从金门岛出发，到达澎湖列岛，进入台湾攻打赤嵌城。郑成功的大军舍弃港阔水深、进出方便、但岸上有重兵把守的大港水道，而选择了鹿耳门水道。鹿耳门水道水浅礁多，航道不仅狭窄而且有荷军凿沉的破船堵塞，所以荷军此处设防薄弱。郑成功率领军队乘着涨潮航道变宽并且深时，攻其不备，顺流迅速通过鹿耳门，在禾寮港登陆，直奔赤嵌城，一举登陆成功。

1939年，德国布置水雷，拦袭夜间进出英吉利海峡的英国舰船。德军根据精确计算潮流变化的大小及方向，确定锚雷的深度、方位，用漂雷战术取得较大战果。

赤潮是因何而起

赤潮被喻为"红色幽灵"，是一种复杂的生态异常现象，发生的原因也比较复杂。关于赤潮发生的机理，虽然至今尚无定论。但是赤潮发生的首要条件是赤潮生物增殖要达到一定的密度。否则，尽管其他因素都适宜，也不会发生赤潮。

在正常的理化环境条件下，赤潮生物在浮游生物中所占的比重并不大。但是由于特殊的环境，使某些赤潮生物过量繁殖，便形成赤潮。水文气象和海水理化因素的变化，是赤潮发生的重要原因。海水的温度是赤潮发生的重要环境因素，20℃~30℃是赤

潮发生的适宜温度范围。科学家发现一周内水温突然升高大于2度，是赤潮发生的先兆。另外，海水的化学因子如盐度变化，也是促使生物因子"赤潮"生物大量繁殖的原因之一。

盐度在26至37的范围内，均有发生赤潮的可能。但是海水盐度在15至21.6时，容易形成温跃层和盐跃层。温、盐跃层的存在为赤潮生物的聚集提供了条件，易诱发赤潮。由于径流、涌升流、水团或海流的交汇作用，使海底层营养盐上升到水上层，造成沿海水域高度富营养化。营养盐类含量急剧上升，引起硅藻的大量繁殖。这些硅藻过盛，特别是骨条硅藻的密集常常引起赤潮。这些硅藻类又为夜光藻提供了丰富的饵料，促使夜光藻急剧增殖，从而又形成粉红色的夜光藻赤潮。

据监测资料表明，在赤潮发生时水域多为干旱少雨，天气闷热，水温偏高，风力较弱，或者潮流缓慢等水域环境。海水养殖的自身污染，也是诱发赤潮的因素之一。在对虾养殖中，人工投喂大量配合饵料和鲜活饵料。池内残存饵料增多，严重污染了养殖水质。为赤潮生物提供了适宜的生物环境，使其增殖加快。自然因素也是引发赤潮的重要原因，赤潮多发除了人为原因外，还与纬度位置、季节、洋流、海域的封闭程度等自然因素有关。

赤潮是一种复杂的生态异常现象，发生的原因也比较复杂。但是由于特殊的环境条件，使某些赤潮生态过量繁殖，便容易形成赤潮。

我还想知道

解读世界四大洋

太平洋

太平洋，位于亚洲、大洋洲、北美洲、南美洲和南极洲之间。

太平洋的形状近似圆形，面积广达17868万平方千米，约占世界海洋总面积的49.5%，是世界上面积最大、水域最广阔的第一大洋。

太平洋是世界水体最深的大洋，平均深度为4028米，全球超过万米深的6个海沟全在太平洋中，其中马里亚纳海沟是世界海洋最深的地方。

太平洋的名字很美，其实并不太平。在南纬40度，终年刮着强大的西风，洋面辽阔，风力很大，被称为"狂吼咆哮的40度带"，是有名的风浪险恶的海区，对南来北往的船只造成很大威胁。夏秋两季，在菲律宾以东海面，经常产生热带风暴和台风，并向东亚地区运行。强烈的热带风暴

和台风，可以掀起惊涛骇浪，连万吨海轮也会被卷进海底。

太平洋沿岸和太平洋中，有30多个国家和一些岛屿，居住着世界近50%的人口。近年来，太平洋地区的经济发展比较迅速，已引起世界的普遍关注。

大西洋

大西洋，位于南、北美洲、非洲之间，南接南极洲，通过深入内陆的属海地中海、黑海与亚洲毗临。

大西洋面积约9430万平方千米，是世界第二大洋。大西洋沿岸和大西洋中有近70个国家和地区。

欧洲西部，南、北美洲的东部，非洲的几内亚湾沿岸，濒临辽阔的大西洋是各大洲经济比较发达的地区。

印度洋

印度洋，东、西、北三面是陆地，分别是澳大利亚大陆、非洲大陆和亚洲大陆，东南部和西南部分别与太平洋、大西洋携手相连，南靠冰雪皑皑的南极洲。

印度洋的面积为7492万平方千米，约占

世界海洋总面积的20%左右，是世界第三大洋。

印度洋中的岛屿较少，大多分布在北部和西部，主要有马达加斯加岛和斯里兰卡岛，以及安达曼群岛、尼科巴群岛、科摩罗群岛、塞舌耳群岛、查戈斯群岛、马尔代夫群岛、留泥汪岛等。

印度洋的周围有30多个国家和地区，除大洋洲的澳大利亚外，其余都属于发展中国家。

北冰洋

北冰洋，大致以北极为中心，被亚欧大陆和北美大陆所环抱。它通过格陵兰海及一系列海峡与大西洋相接，并以狭窄的白令海峡与太平洋相通。

北冰洋的面积为1230万平方千米，是世界上面积最小、水体最浅的大洋。因此，有人认为北冰洋不能同其他大洋相提并论，它不过是亚、欧、美三大洲之间的地中海，附属于大西洋，被称

为北极地中海。

北冰洋地处北极圈内，气候寒冷，有半年时间绝大部分地区的平均气温为零下－20℃～－40℃，并且没有真正的夏季，边缘海域有频繁的风暴，是世界上最寒冷的大洋。同时，这里还有奇特的极昼极夜现象。夏天，连续白昼，淡淡的夕阳一连好几个月在洋面附近徘徊；冬季，绵延黑夜，星星始终在黑黝黝的天穹闪烁。最奇妙的是在北极的天空中，还可看到色彩缤纷、游动变幻的北极光。

过去，美国和西欧一些国家曾把海洋划分成7个部分，即北冰洋、北大西洋、南大西洋、北太平洋、南太平洋、印度洋和南冰洋。海与洋的区分和洋的划分，并无严格的一定之规，也可以灵活对待。

我还想知道

海色和水色的不同

海色

海色，是人们看到的大面积的海面颜色。经常接触大海的人，会有这样的感受，海色会因天气的变化而变化。

当阳光普照、晴空万里的时候，海面颜色会蓝得光亮耀眼。当旭日东升、朝霞辉映之下，或者夕阳西下、光辉反照之际，可以把大海染得金光闪闪。而当阴云密布、风暴逞凶的时候，海面又显得阴沉，一片暗蓝。当然，这种受天气状况影响而造成的视

觉印象只是一种表象，它并不能反映海洋水颜色的真正面貌。

海色与海洋水体所包含的物质成分密切相关，故大洋和近海的海色有明显的差别。在清洁的大洋水中，悬浮颗粒少，粒径小，分子散射起着主要的作用。

水色

水色，是指海洋水体本身所显示的颜色。它是海洋水对太阳辐射能的选择、吸收和散射现象综合作用的结果，与天气状况没有什么直接的关系。

平时，我们看到的灿烂阳光，是由红、橙、黄、绿、青、蓝、紫7种颜色的光合成的。这些不同颜色的光线，波长是不相

同的。而海水对不同波长的光线，无论吸收还是散射，都有明显的选择性。

在吸收方面，进入海水中的红、黄、橙等长波光线，在30米至40米的深处，几乎全部被海水吸收。而波长较短的绿、蓝、青等光线，尤其是蓝色光线，则不容易被吸收，并且大部分反射出海面。

在散射方面，整个入射光的光谱中，蓝色光是被水分子散射得最多的一种颜色。所以，看起来，大洋中的海水就是一片蓝色。

从地理分布上看，大洋中的水色和透明度随纬度的不同也有不同。热带、亚热带海区，水层稳定，水色较高，多为蓝色；温带和寒带海区，水色较低，海水并不显得那样蓝。

海水所含盐分或其他因素，也能影响水色的高低。海水中所含的盐分少，水色多为淡青；盐分多，就会显得碧蓝了。

海洋水的透明度

海洋水的透明度与水色，取决于海水本身的光学性质，它们与太阳光线有一定的关系。一般太阳光线越强，海水透明度越大，水色就越高，光线透入海水中的深度也就越深。

反过来，太阳光线越弱，海水透明度就越小，水色就越低，透入光线也就越浅。所以，随着透明度的逐渐降低，海洋的颜色一般由绿色、青绿色转为青蓝、蓝、深蓝色。

此外，海洋水中悬浮物的性质和状况，对海水的透明度和水色也有很大的影响。大洋部分水域辽阔，悬浮物较少，并且颗粒比较细小，透明度较大，水色也多呈蓝色。

比如，位于大西洋中央的马尾藻海域，受大陆江河影响小，海水盐度高，加上海水运动不强烈，悬浮物质下沉快，生物繁殖较慢，透明度高达66.5米，是世界海洋中透明度最高的海域。大洋边缘的浅海海域，由于大陆泥沙混浊，悬浮物较多，并且颗粒又较大，透明度较低，水色则呈绿色、黄绿色或黄色。

例如，我国沿海的胶州湾海水透明度为3米，而渤海黄河口附近海域仅有1米至2米。

藻类的生长繁殖对海色的影响尤为明显，当某种海藻急剧繁殖而在水中的密度很大时，可发生赤潮现象。1952年，我国渤海的黄河口至塘沽一带的海面，因淡红色的夜光藻急剧繁殖，使海水呈红色。

海洋探测的顺风耳

回声的利用

大家都知道，当我们对着山丘或高大建筑物高声喊叫时，声音会在碰到它们之后反射回来，这就叫作回声。而声音在水中传播的性能和速度，比在空气中传播的还要好、还要快。声音在空气中的传播速度是每秒340米，而在0度水中是1500米。此外声波在水中的衰减比在空气中小，因此，声音在水中比在空气中传播得更远。这样，根据声波在水中的传播速度，只要测出声音从船上发射再反射到船上的时间，就能知道海的深度。这即是利用回声来测量海深的道理。但实际上，问题要比我们想象的复杂得多。这主要是由于声波在海水中传播的速度不是固定不变的，它是随海水温度、盐度和水深的变化而变化的。

什么是声呐

实际上，声呐就是人们利用水声能量，进行水下观测和通信的一种仪器。声波在海水里并不是直线传播的，不同的水域、不同的水深以及不同的障碍物或海底地形，都会对声音的传播发生影响。而声呐正是利用了这一原理，通过回收不同的回声，来探测海水的不同界面、海洋深度以及海底地形等。声呐基本上可以分为两种。第一种可以称为主动声呐。它可以发射声波，遇到目标时，会产生回声。而声呐里装有能感受声音的装置，这样，声呐就可接收这种回声，并加以处理，然后在显示器上显示出目标的方位、大小及形状。有的还能根据回声的大小确定目标的远

近；第二种可以称为被动声呐。这种声呐不能发射声波，它只接收目标发出的噪音，然后加以处理并将结果显示出来。

工作原理

在水中进行观察和测量，具有得天独厚条件的只有声波。这是由于其他探测手段的作用距离都很短，光在水中的穿透能力很有限，即使在最清澈的海水中，人们也只能看到10多米至几十米内的物体；电磁波在水中也衰减太快，而且波长越短，损失越大。然而，声波在水中传播的衰减就小得多。在深海声道中爆炸一枚几千克的炸弹，在2万千米外还可以收到信号。低频的声波还可以穿透海底几千米的地层，并且得到地层中的信息。

在温度为0度的海水里，声音速度每小时达5000多千米，比在空气中的传播速度快4倍多；在30度的海水里，每小时可达5600多千米；在含盐多的水里，声音传播的速度比在含盐少的水中要快。

我还想知道

名不副实的水域

里海

里海位于亚、欧两洲之间，南面和西南面被厄尔布尔士山脉和高加索山脉所环抱，其他几面是低平的平原和低地。

里海的水源补给来自伏尔加河、乌拉尔河，以及地下水和大气降水。其中伏尔加河水带来进水量的70%左右，是里海最重要的补给来源。里海位于荒漠和半荒漠环境之中，气候干旱，蒸发非常强烈。而且进得少，出得多，湖水水面逐年下降。较之往年，现在湖的面积大大缩小。

因为水分大量蒸发，盐分逐年积累，湖水也越来越咸。由于北部湖水较浅，又有伏尔加河等大量淡水注入，所以北部湖水含盐度低，而南部含盐度是北部的数十倍。里海含盐量高，盛产食盐和芒硝。

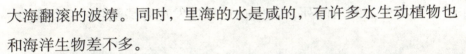

里海是一个地地道道的内陆湖。那么，为什么被称为"海"呢？

里海水域辽阔，烟波浩渺，一望无垠，经常出现狂风恶浪，犹如大海翻滚的波涛。同时，里海的水是咸的，有许多水生动植物也和海洋生物差不多。

另外，里海与咸海、地中海、黑海、亚速海等原来都是古地中海的一部分，经过海陆演变，古地中海逐渐缩小，这些水域也多次改变它们的轮廓、面积和深度。所以，今天的里海是古地中海残存的一部分，地理学上称为海迹湖。

于是，人们就把这个世界上最大的湖称为"里海"了。其实，它并不是真正的海。

死海

位于西亚阿拉伯半岛上的死海，南北长达82千米，东西最宽达18千米，面积为1000多平方千米。死海位于深陷的盆地之中，湖底最低的地方，低于海平面790多米，是世界大陆上的最低点。

死海含盐度比一般海水要高7倍左右。死海的含盐度为什么

这么高呢？这与它所在地区的地理环境密切相关。死海的东西两岸都是峭壁悬崖，只有约旦河等几条河流注入，没有出口。

附近分布着荒漠、砂岩和石灰岩层，河流夹带着矿物质流入死海。这里气候炎热，干燥少雨，蒸发强烈。年深日久，湖中积累了大量盐分，就成了特咸的咸水湖了。

如果用一个杯子盛满死海水，等完全蒸发后，就会留下1/4杯的雪白的盐分和其他矿物质凝结物。

因为湖水太咸，把鱼放入水中就会立即死亡。湖滨岸边也是岩石裸露，一片光秃，没有树木，寸草不生，故称"死海"。不过，死海并非绝对的死，人们在这里还发现有绿藻和一些细菌。

关于死海，还有这样一个非常有趣的故事。

1世纪，古罗马军统帅狄度率领军队来到死海。他看到一望无际的湖水，就问手下的士兵："这里是什么地方？"

"报告将军，这里是死海。"

这时，士兵们押来几个俘虏，要求统帅处置。狄度威严地命令道："把他们带上脚镣手铐扔进海里，祭祀海神吧！"

于是，士兵们不顾俘虏的哀告求饶，七手八脚地抬着被镣铐捆住手脚的俘虏，"扑通扑通"扔进了死海。

可是，奇怪的事情发生了。这些俘虏一个个犹如睡在柔软舒适的弹簧床上一样，就是不下沉。不一会儿，他们居然被风浪送回岸边。一连几次，都是这样。狄度认为有"神灵"保佑他们，

于是下令把这些俘虏全赦免了。

原来，物体在水里是沉是浮，同比重是有直接关系的。人身体比重比水稍大一些，所以人掉到河里就会沉下去。死海含盐量特别大，超过了人身体的比重，所以人就不会沉下去了。如果你到死海去旅游，完全可以躺在湖面上安详地看书，丝毫不用担心沉下水去。

死海是一个大宝库，那里蕴藏着丰富的溴、碘、氯等化学元素，据估计，死海中含氯化镁220亿吨，氯化钠120亿吨，氯化钙60亿吨，氯化钾20亿吨，溴化镁10亿吨。

狭小的马尔马拉海

亚洲西部小亚细亚半岛和欧洲东南部巴尔干半岛之间，有一个水域狭小的海，叫作马尔马拉海。

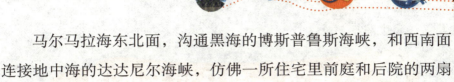
马尔马拉海东北面，沟通黑海的博斯普鲁斯海峡，和西南面连接地中海的达达尼尔海峡，仿佛一所住宅里前庭和后院的两扇大门。因此，马尔马拉海具有完整的海域。

它形如海湾，实际却是个真正的内海。马尔马拉海南北的两个海峡，好像地中海与黑海之间联系的两把大铁锁，具有十分重要的战略地位。马尔马拉海是欧、亚、非三大洲的交通枢纽，是大西洋、印度洋和太平洋之间往来的捷径。

马尔马拉海在远古的地质时代并不存在，后来由于发生地壳变动，地层陷落下沉被海水淹没而形成。它的平均深度为357米，最深的地方达1355米。

由于马尔马拉海是陆地陷落形成的缘故，所以，虽然水域不大，但深度并不小。海岸附近，山峦起伏，地势陡峻。原来陆地上的山峰和高地，在海上露出水面，形成许多小岛和海岬，星星点点散落在海面之上，构成一幅独特的风景画。

其中较大的马尔马拉岛面积125平方千米。岛上盛产花纹美丽的大理石，图案清秀，别具一格，是古代伊斯坦布尔宫殿建筑的重要材料，在现代建筑中也有许多用途。"马尔马拉"就是大理石的意思，这个海域也因此与岛齐名了。

我还想知道

咸海是在700万年至250万年前形成的，20世纪60年代后，由于阿姆河和锡尔河的河水大量用于农业和工业，再加上20世纪70年代以来气候持续干旱，导致湖面水位下降，湖水盐度增高。

南美第一湖马拉开波湖

地理位置

在南美洲濒临加勒比海的委内瑞拉的西北部，有一个碧波万顷的湖泊，这就是闻名世界的马拉开波湖。它的形状十分有趣，像一只大鸭梨，也像一个肚子大、脖子细的玻璃瓶子，也有人把它比作一只巨大的高脚酒杯，里面宽阔，瓶颈狭窄。

它北面通过马拉开波海峡同委内瑞拉湾相通，湾外是一望无际的加勒比海。湖泊南北长约210千米，东西宽约95千米，最宽处为120千米，湖的总面积为1.63万多平方千米，海域辽阔，水天一色，是南美洲第一大湖，它是拉丁美洲最大的湖泊。

气候特点

马拉开波湖区地处热带，气候终年炎热，潮湿多雨。湖泊濒临海洋，海风掠过，波涛汹涌，白浪滚滚。湖泊东南方的梅里达山脉，是南美洲安第斯山脉北段东侧的一个分支，平均海拔高度在3000米以上，山体巍峨，峰峦重叠，许多山峰终年积雪。

位于山脉中部的玻利瓦尔峰，海拔高达5000多米，高耸入云，虽然地处热带，峰顶却常年为皑皑的白雪所覆盖，形成热带地区的雪峰奇观。马拉开波湖碧绿的湖水和玻利瓦尔峰晶莹的雪峰交相辉映，显得格外清新美丽，构成委内瑞拉著名的风景之一。

地下资源

马拉开波湖底及其周围低地地区，是一个巨大的地下油库，石油蕴藏量约占委内瑞拉石油总储量的1／4，是委内瑞拉主要的石油产地。黑色的原油常常从湖畔的裂缝中溢出来。

据说，居住在马拉开波湖沿岸地区的印第安人，早就在湖区发现了石油，当时人们把它叫作"大地的汁水"。委内瑞拉成为"石油之国"，它的第一桶石油，就是在湖畔的第一口高产油井中开采出来的。如果在湖中乘游艇参观，举目四顾，近处油塔矗立，远处塔尖点点，井架林立，管道如网，自有它的特色。

湖的东岸有连成一片的石油城镇。湖口西岸的马拉开波城是委内瑞拉第二大城，也是重要的炼油中心和著名的石油输出港。

过去，从马拉开波城到湖东的石油城区，来往车辆依靠轮渡。

1963年，委内瑞拉在湖口最狭窄的地方架设了拉斐尔乌尔塔内达大桥。由于大桥跨度

大，桥身高，桥下船舶来往自由，甚至驾驶直升机都能从桥身下穿行而过，构成了马拉开波旅游线上一个令人神往的游览点。

马拉开波湖的水上人家

1499年8月，随同意大利航海家亚美利哥维斯普奇探险的阿隆索德奥赫达率船队由加勒比海驶入马拉开波湖，沿途发现当地土著居民为防御野兽和敌人的侵袭，把房屋建在露出水面的木桩上，当地人把这种水上房屋称作"帕拉菲托"。

由于这一湖面上村落星罗棋布的奇特景象，颇似意大利水城威尼斯，于是探险家便将这里称为"小委内瑞拉"，即小威尼斯的意思。委内瑞拉的国名也由此而来。

早在西班牙人到来之前，这里就世代生活着一支名叫阿纽的印第安人部落。数百年后的今天，这里依然是阿纽族印第安人的生活之地。

湖水为什么是淡的

从地图上看，马拉开波湖犹如一个巨大的海湾，又像委内瑞拉湾残存的一个潟湖。照理说，马拉开波湖与海相通，湖水应是咸的。

然而，马拉开波湖虽然与海洋息息相通，湖水却是淡的。只有湖的北部，由于海潮的顶托关系，潮水时断时续地涌入湖中，使这里的湖水略带咸味，而广阔的中、南部水域，湖水完全没有咸味。

为什么马拉开波湖离委内瑞拉湾的加勒比海那么近，又与大海一脉相通，而湖水却是淡的呢？

原来，马拉开波湖既不是海湾，也不是湖，它是一个地地道道的构造湖泊。马拉开波湖坐落在范围更大的马拉开波盆地中，是盆地里的最低洼部分，实际上它是由于地壳运动，造成凹陷盆地蓄水而成的断层湖。

我还想知道

马拉开波湖原本进不去海水，为了发展湖内采油业，人们将连接外海的水道拓宽，以便大吨位货轮和油轮驶入，使海水倒灌侵入湖心，阻碍了整个湖水的自然循环，造成大量水藻和微生物死亡。

图书在版编目（ＣＩＰ）数据

海洋秘密的趣味解析：海洋巡航之旅 / 韩德复编著
. －－ 北京：现代出版社，2014.5
ISBN 978-7-5143-2666-6

Ⅰ．①海… Ⅱ．①韩… Ⅲ．①海洋－普及读物 Ⅳ．
①P7-49

中国版本图书馆CIP数据核字(2014)第072344号

海洋秘密的趣味解析：海洋巡航之旅

作　　者：韩德复
责任编辑：王敬一
出版发行：现代出版社
通讯地址：北京市定安门外安华里504号
邮政编码：100011
电　　话：010-64267325 64245264（传真）
网　　址：www.1980xd.com
电子邮箱：xiandai@cnpitc.com.cn
印　　刷：汇昌印刷（天津）有限公司
开　　本：700mm×1000mm　1/16
印　　张：10
版　　次：2014年7月第1版　2021年3月第3次印刷
书　　号：ISBN 978-7-5143-2666-6
定　　价：29.80元